国家示范性建设院校课程改革成果教材

金属切削加工技术实训教程

主编　李会荣　殷雪艳

参编　郭　峰　王新海

主审　黄雨田

西安电子科技大学出版社

内 容 简 介

本书以高职教育课程改革教、学、做一体化为指导思想编写。《金属切削加工技术》完成"教"与"学",《金属切削加工技术实训教程》完成"做",两本教材配合使用。

本书共设计五个项目,每个项目以典型零件表面的加工为载体,从零件图的分析、加工方法的确定、刀具的选择到切削用量的确定,一步一步教会学生如何做任务。通过拓展训练环节,使学生对相应知识有了更深的理解。每个项目完成后有项目评价。

本书可供机械制造与自动化专业学生使用,也可供工程技术人员参考。

图书在版编目(CIP)数据

金属切削加工技术实训教程/李会荣,殷雪艳主编.
—西安:西安电子科技大学出版社,2017.2(2019.12 重印)
国家示范性建设院校课程改革成果教材
ISBN 978-7-5606-4410-3

Ⅰ. ① 金… Ⅱ. ① 李… ② 殷… Ⅲ. ① 金属切削—加工工艺—教材 Ⅳ. ① TG506

中国版本图书馆 CIP 数据核字(2017)第 008430 号

策 划 云立实
责任编辑 韩伟娜 云立实
出版发行 西安电子科技大学出版社(西安市太白南路 2 号)
电 话 (029)88242885 88201467 邮 编 710071
网 址 www.xduph.com 电子邮箱 xdupfxb001@163.com
经 销 新华书店
印刷单位 咸阳华盛印务有限责任公司
版 次 2017 年 2 月第 1 版 2019 年 12 月第 2 次印刷
开 本 787 毫米×1092 毫米 1/16 印 张 9.25
字 数 213 千字
印 数 3001~6000 册
定 价 19.00 元

ISBN 978-7-5606-4410-3/TG

XDUP 4702001-2

如有印装问题可调换

本社图书封面为激光防伪覆膜,谨防盗版。

前　言

　　"金属切削原理与刀具"是培养机械制造与自动化专业高技能人才的一门专业核心课程。该课程的目标是培养学生具备机械切削加工基础理论知识和切削加工技术能力。本教材是"金属切削原理与刀具"课程的主要配套教辅资料。

　　高等职业教育不同于专业学科教育。专业学科教育注重学科理论的独立性和系统性，而职业教育则注重职业岗位工作能力的养成。职业能力养成的复杂性迫使我们必须对职业教育人才培养方案、课程设计、教学模式进行改革，而项目化课程及"教、学、做"一体的课程结构无疑是最佳的课程设计。以做为主线的"教、学、做"教学模式可使学生在完成一个个单一项目任务的过程中有目的地学习了解相关专业知识，一步步做任务，最后实现能力成长。本教材包含学(相关专业知识)、做(项目)两方面内容，是以学生为主、以老师为辅的融"学、做"于一体的教学过程的最佳脚本。

　　本教材也是陕西国防工业职业技术学院"国家示范骨干高职院校建设机械制造与自动化专业子项目"成果之一，具有以下特点：

　　(1) 系统性。本教材在内容设计方面，以车削加工为例，通过对典型轴类零件切削加工的介绍，学生可深刻理解金属切削加工原理，学会合理选择切削加工参数，掌握机床调整操控、刀具的刃磨对正、合格零件的切削加工和检测，建立初步的工艺条件概念和质量控制意识。同时，本教材(学做脚本)对铣削、钻削等加工也做了系统规范，便于指导学、做过程。

　　(2) 实用性。教材对教学过程中需要学生做的工作，比如磨刀、加工零件等，附有操作规范(工序卡片)，翔实具体，便于实施。

　　(3) 创新性。本教材首次提供了"教、学、做"一体化教学改革的课堂组织范本，使学做一体的课程设计真实可做，改变了过去老师课堂理论课是一套，切削加工实践课操作是另一套，理论不能指导实践，实践不能印证理论的弊端。本教材的设计理念是以做为先导，把以老师为主转换为以学生为主，把以讲解为主转换为以做为主，教材设计增加了课堂的活力。

　　李会荣、殷雪艳任本教材主编，郭峰、王新海任本教材参编，黄雨田任主审。殷雪艳编写项目1，郭峰编写项目2，李会荣编写项目3和项目4，王新海编写项目5，全书由李会荣统稿。

　　高级工程师王玉民为本教材的编写提供了大量的素材，在此表示感谢。

　　由于编者水平所限，书中难免有疏漏和不到之处，殷切希望读者和各位同仁提出宝贵意见。

编　者

2016 年 10 月

目　　录

项目 1 车削输出轴

1.1 案例分析

图 1-1 为输出轴，中批量生产。

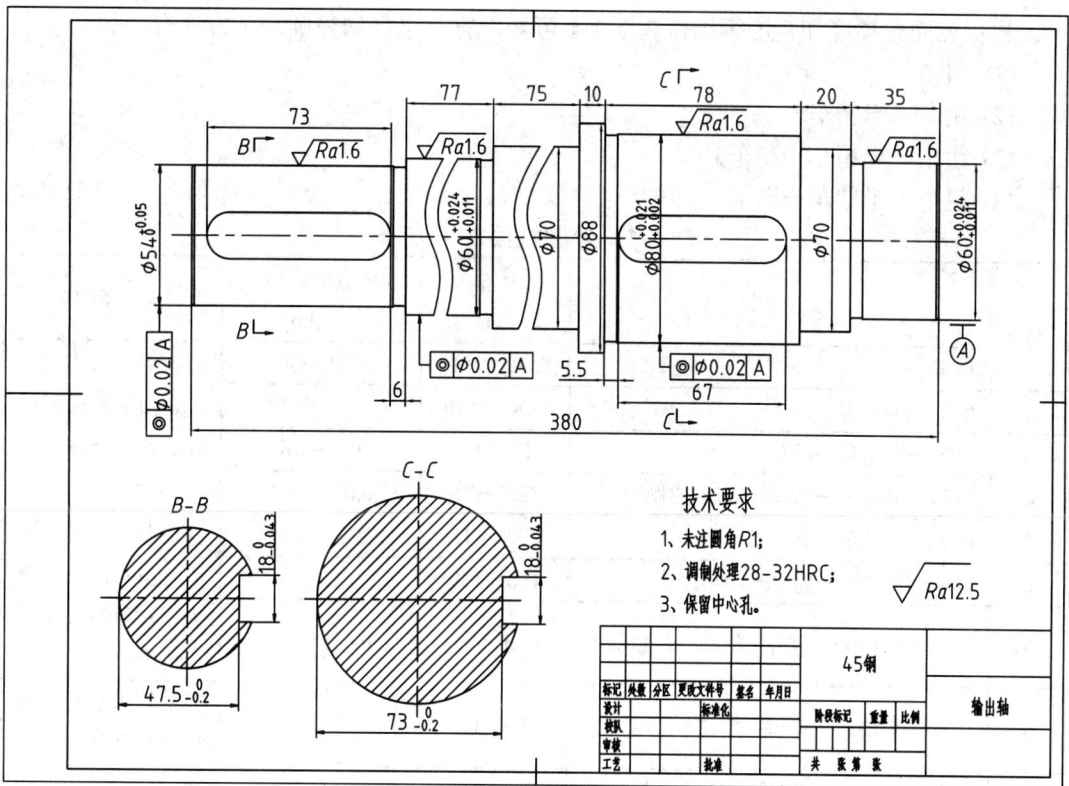

图 1-1 输出轴

1.1.1 加工表面分析

1. 功用

轴类零件主要起传递力和力矩的作用。

2. 结构特点

(1) 加工表面：6 段外圆柱面，2 个键槽，其余为倒角和圆角。

(2) 加工刚性：$L/d = 380/54 = 7.04 < 12$，为刚性轴。

3. 零件技术要求(外圆)

1) 尺寸精度分析

$\phi54^{+0.05}_{+0}$、两段 $\phi60^{+0.024}_{+0.011}$ 和 $\phi80^{+0.021}_{+0.002}$ 外圆均为 IT6；$\phi70$、$\phi88$ 外圆为自由公差。

2) 形位精度分析

$\phi54^{+0.05}_{+0}$ 外圆、$\phi80^{+0.021}_{+0.002}$ 和左端 $\phi60^{+0.024}_{+0.011}$ 轴对右端 $\phi60^{+0.024}_{+0.011}$ 轴线的圆跳动为 0.02。

3) 表面粗糙度分析

$\phi54^{+0.05}_{+0}$、两段 $\phi60^{+0.024}_{+0.011}$ 和 $\phi80^{+0.021}_{+0.002}$ 外圆 Ra 为 1.6 μm；其余表面 Ra 为 12.5 μm。

1.1.2 加工方法选择

1. 表面加工方法

根据表面粗糙度和精度等级，查表 1-1 可知，符合条件的外圆加工方法有：

(1) 粗车。

(2) 粗车—半精车。

(3) 粗车—半精车—精车。

(4) 粗车—半精车—磨削。

表 1-1　外圆柱面加工方法

序号	加工方法	经济精度 /IT	经济表面粗糙度 Ra/μm	适用范围
1	粗车	IT11~IT13	12.5~50	适用于淬火钢以外的各种金属
2	粗车—半精车	IT8~IT10	3.2~6.3	
3	粗车—半精车—精车	IT7~1T8	0.8~1.6	
4	粗车—半精车—精车—滚压(或抛光)	IT7~IT8	0.025~0.2	
5	粗车—半精车—磨削	IT7~IT8	0.4~0.8	主要用于淬火钢,也可用于未淬火钢,但不宜加工有色金属
6	粗车—半精车—粗磨—精磨	IT6~IT7	0.1~0.4	
7	粗车—半精车—粗磨—精磨—超精加工	IT5	0.012~0.1	
8	粗车—半精车—精车—精细车(金刚车)	IT6~IT7	0.025~0.4	主要用于要求较高的有色金属加工
9	粗车—半精车—粗磨—精磨—超精磨 (或镜面磨)	IT5 以上	<0.05	用于极高精度的外圆加工
10	粗车—半精车—粗磨—精磨—研磨	IT5 以上	<0.1	

车削加工是机械加工中最基本、最常用的加工方法。原因有：第一车削适应范围广，主要用于加工不同材质、不同精度的各种回转体表面；第二生产成本低，车刀是刀具中最简单的一种，制造、刃磨和安装较方便，车床附件较多，生产准备时间短；第三生产率较高，车削加工一般是等截面连续切削，切削力变化小，切削过程平稳，可选较大的切削用量，生产率较高；第四加工精度高，表面质量好，加工的尺寸公差等级为 IT11~IT6，表面粗糙度 Ra 为 12.5~0.8 μm，且易保证零件各加工表面的位置精度，如同轴度、平行度、垂

直度等，尤其是对不宜磨削的有色金属进行精车加工可获得更高的尺寸精度和更小的表面粗糙度。

　　磨削不仅可以加工一般的金属材料，如碳钢、铸铁及一些有色金属，而且可以加工硬度很高的材料，如淬过火的钢件、各种切削刀具以及硬质合金等。由于磨削时每次磨去的金属层很薄，因此只适用于精加工，工件经过磨削后加工精度可达 IT7～IT5，表面粗糙度可达 0.8～0.1 μm。磨削主要用于零件的内外圆柱面、圆锥面、平面、成形表面(螺纹、齿轮等)的精加工。

　　(1) 通过分析知，$\phi 54^{+0.05}_{+0}$、两段 $\phi 60^{+0.024}_{+0.011}$、$\phi 80^{+0.021}_{+0.002}$ 外圆表面(IT6，Ra 1.6μm)有圆跳动要求，且输出轴为中批量生产，工件材料为 45 钢，故采用粗车—半精车—磨削方法。

　　(2) $\phi 70$、$\phi 88$ 外圆(IT13，Ra 12.5μm)和端面，加工精度低，表面质量要求不高，故采用粗车就能达到加工要求。

　　(3) 切槽和倒角属于次要表面，穿插在半精车加工中完成。

　　2．加工顺序

　　锻造—正火—车端面、钻中心孔—粗车外圆—调质—半精车外圆、切槽、倒角—铣两个键槽—磨削—去毛刺—清洗—检验—入库。

1.1.3　加工刀具选择

　　根据加工方法(粗车—半精车—磨削)选择刀具(车刀和砂轮)。

　　1．车刀的选择

　　类型：车刀按用途分为外圆车刀、端面车刀、切断刀、内孔车刀、圆头车刀和螺纹车刀等类型，90°车刀(偏刀)用于车削工件的外圆、台阶和端面；45°车刀(弯头刀)用于车削工件的外圆、端面和倒角；切断刀用于切断工件或在工件上切槽；内孔车刀用于车削工件的内孔；圆头车刀用于车削工件的圆角、圆槽或成形面；螺纹车刀用于车削螺纹。另外可按车刀结构特点分为 4 种类型，见表 1-2。

表 1-2　车刀结构类型特点及用途

名　称	特　点	适　用　场　合
整体式	用整体高速钢制造，刃口可磨得较锋利	小型车床或加工非铁金属
焊接式	焊接硬质合金或高速钢刀片，刀杆材料为 45 钢，结构紧凑，使用灵活	各类车刀特别是小刀具
机夹式	避免了焊接产生的应力、裂纹等缺陷，刀杆利用率高；刀片可集中刃磨获得所需参数；使用灵活方便	外圆、端面、镗孔、切断、螺纹车刀等
可转位式	避免了焊接刀的缺点，刀片可快换转位；生产率高；断屑稳定；可使用涂层刀片	大中型车床加工外圆、端面、镗孔，特别适用于自动线、数控机床

　　材料：刀具常用材料有高速钢和硬质合金，因车刀类型为焊接式，且工件材料为 45 钢，中批生产，故选用硬质合金刀片，查表 1-3，粗车应选牌号 YT5，半精车应选牌号 YT15。

　　规格：(1) 刀片。硬质合金车刀刀片的型号、尺寸及用途见表 1-4。刀片形状的选取主要根据车刀用途而定，刀片尺寸的选择应根据切削深度与主偏角而定，而且参加切削工作的刀刃长度不能超过刀片全长的 60%～70%，故刀片型号选 A116。

（2）刀柄。外圆车刀刀柄用于装夹，截面形状为矩形、正方形或圆形，一般选用矩形。其高度 H 根据机床中心高选择，如表 1-5 所示。当刀柄高度尺寸受到限制时，可加宽为正方形，以提高刚性。刀柄的长度一般为其高度的 6 倍。切断刀工作部分的长度需大于工件的半径。内孔车刀的刀柄，其工作部分截面一般做成圆形，长度大于工件孔深。故焊接式外圆车刀刀杆材料一般选 45 钢，刀杆截面形状选为矩形，断面 $B \times H$ 为 16×25 mm，高度 L 为 150 mm。

（3）几何参数。车刀几何参数参考值见表 1-6。选择参考意见如下：

① 前角的大小决定着刀刃的锋利程度。前角增大，可使切削变形减小，切削力、切削温度降低，还可抑制积屑瘤等现象的产生，提高表面加工质量。但是前角过大，会使刀具楔角变小，刀头强度降低，散热条件变差，切削温度升高，刀具磨损加剧，刀具寿命降低。具体选择时应从以下几个方面考虑：加工塑性金属车刀前角较大，而加工脆性材料车刀前角较小；材料的强度和硬度越高，车刀前角越小，甚至取负值；高速钢强度、韧性好，可选较大前角车刀，硬质合金的强度、韧性较高速钢差，故选用车刀前角较小，陶瓷刀具前角应更小；粗加工和断续切削时选小值，精加工时选较大值。

② 选择主后角时要考虑以下因素：粗加工时，应选较小，精加工时选较大；加工塑性金属材料时，后角适当选大值；加工脆性材料时，后角选小值；加工高强度、高硬度钢时，后角也应选小值。

③ 副后角选择原则与主后角基本相同，对于有些焊接刀具，为便于制造和刃磨，取 $\alpha_o = \alpha_o'$。有的刀具，例如切槽刀和三面刃铣刀，取小后角 $\alpha_o' = 1° \sim 2°$。

④ 主偏角的选用与工艺系统刚性有关，刚性好时，常采用较小的主偏角，刚性差时要取较大主偏角；副偏角的大小主要影响已加工表面的粗糙度，为了降低工件表面粗糙度，通常取较小的副偏角。

⑤ 刃倾角的主要作用是控制切屑流出方向，增加刀刃的锋利程度，增加刀刃参加工作的长度，使切削过程平稳并保护刀尖。选择原则：粗加工时，λ_s 常取负值，虽然切屑流向已加工表面会划伤已加工表面，但保证了主切削刃的强度。精加工时常取正值，使切屑流向待加工表面，从而不会划伤已加工表面；加工断续表面、余量不均匀表面及有冲击载荷时，选择负刃倾角；一般情况下切槽刀和 45° 车刀 λ_s 为零度。

⑥ 刀尖过渡刃参数与选用见表 1-7。

综合考虑以上因素，查表 1-6 和表 1-7，合理选择粗加工车刀、半精加工车刀具的几何参数。

粗加工车刀选用：$\kappa_r = 90°$，$\gamma_o = 15°$，$\lambda_s = -5°$、$\alpha_o = 6°$、$\alpha_o' = 6°$、$\kappa_r' = 10°$，刀尖圆弧半径 $r_\varepsilon = 0.5$ mm。

半精加工车刀选用：$\kappa_r = 90°$，$\gamma_o = 20°$，$\lambda_s = +5°$、$\alpha_o = 8°$、$\alpha_o' = 8°$、$\kappa_r' = 10°$，刀尖圆弧半径 $r_\varepsilon = 0.5$ mm。

表1-3　常用硬质合金牌号与性能

类型	牌号	w(WC)	w(TiC)	w(TaC) w(NbC)	w(Co)	w(其他)	密度/(g/cm³)	热导率k/(W·m⁻¹·K⁻¹)	硬度 HRA(HRC)	抗弯强度/GPa	加工材料类别	耐磨性 / 切削速度	进给量	颜色	代号	对应GB/T 2075—1998 牌号
钨钴类	YG3	97	—	—	3	—	14.9~15.3	87	91(78)	1.2	短切屑的黑色金属,非铁金属,非金属材料	↑	↓	红	K类	K01
	YG6X	93.5	—	0.5	6	—	14.6~15	75.55	91(78)	1.4						K10
	YG6	94	—	—	6	—	14.6~15	75.55	89.5(75)	1.42						K20
	YG8	92	—	—	8	—	14.5~14.9	75.36	89(74)	1.5						K3
钨钛钴类	YT30	66	30	—	4	—	9.3~9.7	20.93	92.5(80.5)	0.9	长切屑的黑色金属	↑	↓	蓝	P类	P01
	YT15	79	15	—	6	—	11~11.7	33.49	91(78)	1.15						P10
	YT14	78	14	—	8	—	11.2~12	33.49	90.5(77)	1.2						P20
	YT5	85	5	—	10	—	12.5~13.2	62.8	89(74)	1.4						P30
添加钽(铌)类	YG6A	91	—	3	6	—	14.6~15	—	91.5(79)	1.4	长或短切屑的黑色金属,有色金属	—	—	红	K类	K10
	YG8N	91	—	1	8	—	14.5~14.9	—	89.5(75)	1.5						K20
通用类	YW1	84	6	4	6	—	12.8~13.3	—	91.5(79)	1.2		—	—	黄	M类	M10
	YW2	82	6	4	8	Ni17 Mo14	12.6~13	—	90.5(77)	1.35						M20
碳化钛基类	YN05	—	79	—	—	Ni12 Mo10	5.56	—	93.3(82)	0.9	长切屑的黑色金属			蓝	P类	P01
	YN15	15	62	1	—		6.3	—	92(80)	1.1						P01

注：Y—硬质合金；G—钴；X—细颗粒合金；A—含TaC(NbC)的YG类合金；W—通用合金；N—不含钴，用镍作黏结剂的合金。

表 1-4 常见硬质合金车刀刀片型号、尺寸及用途

刀片形状	型号 右	型号 左	尺寸 L	B	C	R	r	e	用途
	A106		6	5	2.5				制造外圆(直头和弯头)车刀、镗刀及切槽
	A108		8	7	3				
	A110		10	6	3.5			0.8	
	A112		12	10	4			0.8	
	A114		14	12	4.5			0.8	
	A116		16	10	5.5			0.8	
	A118		18	12	7			0.8	
	A118A		18	16	6			0.8	
	A120		20	12	7			0.8	
	A122		22	15	8.5			0.8	
	A122A		22	18	7			0.8	
	A125		25	15	8.5			0.8	
	A125A		25	20	10			0.8	
	A130		30	16	10			0.8	
	A136		36	20	10			0.8	
	A140		40	18	10.5			1.2	
	A208		8	7	2.5	6	0.5		镗刀和端面车刀
	A210		10	8	3	6	1		
	A212	A212Z	12	10	4.5	10	1	0.8	
	A216	A216Z	16	14	6	14	1	0.8	
	A220	A220Z	20	18	7	18	1	0.8	
	A225	A225Z	25	20	8	20	1	0.8	

表 1-5 常用车刀刀柄截面尺寸

机床中心高 L	150	180~200	260~300	350~400
正方形刀柄断面 H^2	16^2	20^2	25^2	30^2
矩形刀柄断面 $B \times H$	12×20	16×25	20×30	25×40

表1-6　外圆车刀几何参数参考值

工件材料	刀具材料	刀具几何参数						
		前角	后角	副后角	主偏角	副偏角	刃倾角	刀尖半径/mm
低碳钢 (A3)	YT5 YT15	20°~ 30°	8°~ 10°	6°~ 8°	45°~ 90°	6°~ 10°	0°~+5°	0.2~1
中碳钢 (45钢、正火)	YT5 YT15	15°~ 20°	5°~ 8°	5°~ 8°	45°~ 90°	6°~ 10°	−5°~ +5°	0.2~1
中碳钢 (45钢、调质)	YT15 YT30	10°~ 18°	5°~ 8°	5°~ 8°	45°~ 90°	6°~ 10°	−5°~ +5°	0.2~1
合金钢 (40Cr、正火)	YT5 YT15	13°~ 20°	5°~ 8°	4°~ 6°	45°~ 90°	6°~ 10°	0°~−5°	0.2~1
合金钢 (40Cr、调质)	YT15 YT30	10°~ 18°	5°~ 8°	4°~ 6°	45°~ 90°	6°~ 10°	0°~−5°	0.2~1
钢锻件 (40Cr、45钢)	YT5 YT30	10°~ 15°	5°~ 7°	4°~ 6°	45°~ 90°	6°~ 10°	0°~−5°	1~1.5
不锈钢 (1Cr18Ni9Ti)	YG6 YA6	15°~ 20°	6°~ 8°	5°~ 7°	45°~ 90°	6°~ 10°	0°~−5°	0.2~1
淬火钢 HRC40−50	YT5 YT15	−5°~ 15°	8°~ 12°	6°~ 8°	45°~ 75°	6°~ 8°	−5°~ −12°	1~2
铸铁 (HT200)	YG6 YG3	5°~ 15°	4°~ 8°	4°~ 6°	45°~ 90°	6°~ 10°	0°~5°	0.5~1
黄铜 (HPb59-1)	YG8 YG6	8°~ 12°	6°~ 8°	4°~ 6°	45°~ 90°	6°~ 10°	0°~5°	0.5~1
铝合金 (LY12)	YG8 YG6	30°~ 40°	8°~ 12°	6°~ 10°	45°~ 90°	6°~ 10°	5°~10°	0.5~1

表 1-7　刀尖过渡刃参数与选用

刀尖形状	简　图	用　途
尖头		粗加工及弱刚性工件的加工
圆头		各种材料粗加工， 一般 $r_\varepsilon = 0.2 \sim 1.5$
直线过渡刃	 $$\kappa_{r\varepsilon} = \frac{1}{2}\kappa_r$$ $$b_\varepsilon = (0.2 \sim 0.25)a_p$$	硬材料的加工，刀尖强度要求较低，刀具磨损较快的粗加工
过渡刃加修光刃	 $$b_{\varepsilon'} = 1.2 \sim 1.5$$	系统刚性较好的半精加工

2. 砂轮的选择

砂轮是磨削的切削工具，是由磨粒用结合剂黏结而成的多孔体。砂轮的切削性能与磨料、粒度、硬度、结合剂、组织及砂轮形状、尺寸等因素有关，根据以下五个方面选择砂轮。

1) 磨料

磨料具有很高的硬度，是起切削作用的。目前常用的磨料可分为刚玉系、碳化物系和超硬磨料系三类，其具体名称、代号、主要成分、性能和适用范围等见表 1-8。

2) 粒度

粒度是指磨料颗粒的粗细。粒度分磨粒与微磨粒两类：磨粒按筛选法分类，以一英寸长的筛子上的孔网数来表示；微磨粒按显微测量法实际量得的磨料尺寸来分类。粒度号小，磨粒粗，磨削效率高，加工表面粗糙；粒度号大，磨粒细，磨出工件的表面较光洁，但切削效率低。表 1-9 列出了不同粒度的使用范围。

表 1-8　常 用 磨 料

系别	名称	代号	主要成分	颜色	性能	适用范围
刚玉	棕刚玉	A	$Al_2O_3$92.5%～97% $TiO_2$1.5%～3.8%	棕褐色	硬度较低，韧性较好	磨削碳素钢、合金钢、可锻铸铁与青铜
	白玉刚	WA	Al_2O_3 不少于98.5%	白色	较 A 硬度高，磨粒锋利，韧性差	磨削淬硬的高碳钢、合金钢、高速钢，磨削薄壁零件、成形零件
	单晶刚玉	SA	Al_2O_3 单晶体	浅黄色或白色	较 WA 硬度高，韧性好，磨粒棱角多，更锋利	磨削不锈钢、高钒高速钢、其他耐磨削材料。内圆磨削等散热不良的磨削和高表面粗糙度磨削
	微晶刚玉	MA	Al_2O_3 小晶体	棕褐色	形成许许多多微刃，韧性好，自锐性好	磨削不锈钢、特种球墨铸铁高表面粗糙度磨削
	铬刚玉	PA	$Al_2O_3$97.5%以上 $Cr_2O_3$1.15%以上	玫瑰红色	韧性比 WA 好	磨削高速钢、不锈钢。成形磨削，刀具刃磨，高表面粗糙度磨削
	锆刚玉	ZA	$Al_2O_3$77%以上 $ZrO_2$10%～15%	灰色	韧性好，耐磨性好，硬度稍低	重负荷磨削，特别是磨削合金钢和不锈钢
	黑玉刚	BA	$Al_2O_3$77%～79% $SiO_2$10.5%～12% $TiO_2$2.75%～3.2 $Fe_2O_3$6%～8%	黑色	硬度较高，韧性、自锐性较好	抛光铝、不锈钢、电镀金属、光学玻璃
碳化物	黑碳化硅	C	SiC97%～98.5%以上	黑色带光泽	比刚玉类硬度高，导热性能好，但韧性差	磨削铸铁和黄铜
	绿碳化硅	GC	SiC97.5%～99%以上	绿色带光泽	较 C 硬度高，导热性好，韧性较差	磨削硬质合金、宝石、光学玻璃
	立方碳化硅	SC	SiC 呈立方晶格	草绿色无光泽	硬度较 GC 高	超精磨削
	立方碳化硼	BC	B_4C	黑色	比刚玉、C、GC 都硬，耐磨且温度高时易氧化	研磨硬质合金
超硬磨料	人造金刚石	JR	C	白色 淡绿 黑色	硬度最高，韧性最差	磨削硬质合金、光学玻璃、宝石、陶瓷等高硬度材料
	立方氮化硼	CBN	BN	棕黑色	硬度仅次于 JR，韧性较 JR 好	磨削高钒高速钢等难加工材料，坐标磨床用

表 1-9 不同粒度的使用范围

砂轮粒度	使用范围
14～24	磨钢锭，切断钢坯，打磨铸件毛刺
36～60	磨平面、外圆、内圆以及无心磨等
60～100	精磨和工具刃磨等
120～W20	精磨、珩磨和螺纹磨
W20 以下	镜面磨、精细珩磨、超精磨等

3) 硬度

砂轮硬度是指砂轮工作表面的磨粒在外力作用下脱落的难易程度。砂轮硬度软的，磨粒易脱落；砂轮硬度硬的，磨粒不易脱落。硬度主要取决于结合剂的性能、数量及砂轮的制造工艺。表 1-10 列出了砂轮的硬度等级。

表 1-10 硬度等级及代号

等级	大级		超软	软			中软		中		中硬			硬		超硬
	小级		超软	软1	软2	软3	中软1	中软2	中1	中2	中硬1	中硬2	中硬3	硬1	硬2	超硬
代号	GB 2484—84	D	E	F	G	H	J	K	L	M	N	P	Q	R	S	T	Y

磨削硬质合金刀，可选软 2～软 3 的 GC 绿色碳化硅砂轮；磨削淬过火的碳素钢、合金钢、高速钢，可选用软 2～中软 1 砂轮；磨削未淬火钢，可用中软 2～中 2 砂轮；精磨与成形磨需保持砂轮的形状和精度，应选用较硬的砂轮。

4) 黏结剂

黏结剂(又称结合剂)是砂轮中用以黏结磨料的物质。砂轮的强度、抗冲击性、耐热性及抗腐蚀能力等，主要取决于结合剂的性能。常用结合剂的性能及用途见表 1-11。

表 1-11 常用结合剂

名称	代号	性　能	用　途
陶瓷结合剂	V	耐腐蚀性好，能保持正确的几何形状，气孔率大，磨削效率高，强度较大，韧性、弹性、抗震性差，不能承受侧向力	$v_c<35$ m/s，应用最广，能制作各种模具，适用于成形磨削和磨螺纹、齿轮、曲轴等
树脂结合剂	B	强度大，富有弹性，耐冲击，能够在高速下工作；耐热及耐腐蚀性能比较差，气孔率小	$v_c>50$ m/s 的高速磨削。可制成薄片砂轮磨槽，刃磨刀具前刀面，高精度磨削。湿磨时，切削液中含碱量小于 1.5%
橡胶结合剂	R	弹性更好，强度更大，气孔率小，磨粒易脱落，耐热、耐腐蚀性差，有臭味	制造磨轴承槽和无心磨砂轮、导轮、薄片砂轮、柔性抛光砂轮
金属结合剂(青铜、电镀镍)	M	韧性、成形性好，强度大，自砺性能差	制造各种金刚石磨具，使用寿命长。制造直径 1.5 mm 以上的用青铜；直径 1.5 mm 以下的用电镀镍

5) 组织

砂轮组织表示磨粒、结合剂、气孔三者体积的比例关系。砂轮的组织号是以磨粒所占磨轮体积的百分数来确定。组织号越大，砂轮组织越松，磨削时不易堵塞，磨削效率高，但磨刃少，磨削后表面粗糙度较大。表 1-12 所列是砂轮组织分类及用途。

表 1-12 砂轮组织号及用途

类别	紧密				中等				疏松				
组织号	0	1	2	3	4	5	6	7	8	9	10	11	12
磨料占砂轮体积/(%)	62	60	53	56	54	52	50	43	46	44	42	40	38
用途	成形磨削及精密磨削				磨削淬火钢，刃磨刀具				磨削韧性大而硬度低的材料，大面积磨削				

6) 砂轮的形状和尺寸

在生产上，为了适应工件表面形状、尺寸以及磨床种类规格的不同，会制成各种不同形状和尺寸的砂轮。一般，砂轮的外径应尽量选得大一些，提高砂轮的线速度，以获得较高的生产率和较低的表面粗糙度。表 1-13 为各种常用砂轮的形状、代号、标记和主要用途。

表 1-13 常用砂轮的形状、代号、标记及主要用途

代号	名称	断面图	形状尺寸标记	主要用途
P	平形砂轮		P $D×H×d$	磨外圆、内孔，无心磨，周磨平面及刃磨刀具
N	筒形砂轮		N $D×Hb$(b 的尺寸)	端磨平面
PSX_1	双斜边一号砂轮		PSX_1 $D×H×d$	磨齿轮与螺纹
PDA	单面凹砂轮		PDA $D×H×d-1-d_1×t_1$(注：1 指单面)	磨外圆、内孔、平面

代号	名称	断面图	形状尺寸标记	主要用途
B	杯形砂轮		B　$D \times H \times dbh$	端磨平面刃磨刀具后刀面
PSA	双面凹砂轮		A　$D \times H \times d-2-d_1$ $\times t_1 \times t_2$(注: 2 指双面)	磨外圆,无心磨的砂轮和导轮,刃磨车刀后刀面
BW	碗形砂轮		BW　$D \times H \times d$	端磨平面刃磨刀具后刀面
D_1	碟形一号砂轮		D_1　$D \times H \times d$	刃磨刀具前刀面
D_3	碟形三号砂轮		D_3　$D \times H \times d$	磨齿轮和插齿刀
PSZA	双面凹带锥砂轮		PSZA　$D \times H \times d$	磨外圆兼磨两端肩部
PB	薄片砂轮		PB　$D \times H \times d$	切断及磨槽

砂轮的标志印在砂轮端面上。其顺序是：形状代号、尺寸、磨料、粒度号、硬度、组织号、结合剂、线速度。例如：输出轴一段外圆表面(IT6，Ra 1.6 μm)并有圆跳动要求，输出轴为中批量生产，材料为 45 钢，故采用粗车—半精车—磨削方法达到加工要求。磨削时砂轮选择如下：

$$PSA — 400 \times 100 \times 127A60L8V – 35\ m/s$$

其中：PSA——形状为双面凹，$400 \times 100 \times 127$——砂轮尺寸：外径 400 mm，厚度 100 mm，孔径 127 mm；A——磨料为棕刚玉；60——粒度为 60#；L——硬度为中软；8——组织号为 8；V——陶瓷结合剂；35——最高工作线速度 35(m/s)。

1.1.4　切削用量选择

切削用量包括切削速度 v_c、进给量 f 和背吃刀量 a_p，选择切削用量首先应分析被加工材料的性能和加工要求，刀具材料性能，机床及其运动参数以及装夹和加工系统刚性等条件。

由于切削速度对刀具寿命影响最大，其次为进给量，影响最小的是背吃刀量，因此选择切削用量步骤是：先定 a_p，再选 f，最后确定 v_c。必要时要校验机床功率是否够用。

现以 $\phi 80^{+0.021}_{+0.002}$ 外圆加工(粗车→半精车→磨削)为例说明切削用量选择过程，选择原则见表 1-14。

表 1-14　切削用量各要素的选择原则

切削用量要素	选　择　原　则
背吃刀量 a_p (或切削深度)	切削深度与工件的加工余量有关，选择时应考虑以下因素： ① 粗加工：在加工余量 A(指半径方向)不多并较均匀、加工工艺系统刚性足够时，应使背吃刀量一次切除余量 A 即：$a_p = A$；如果在加工面上有硬化层、氧化皮或硬杂质情况下，此时，加工余量若足够，则背吃刀量 a_p 也应加大，若分两次切除余量，则：第一次 $a_p = \left(\dfrac{2}{3} - \dfrac{3}{4}\right)A$；第二次 $a_p = \left(\dfrac{1}{4} - \dfrac{1}{3}\right)A$。 ② 半精加工和精加工：由于粗加工后形成表面质量较为良好，应使半精加工和精加工的背吃刀量一次切除余量。半精加工和精加工的余量一般按查表法、经验法或计算法来确定
进给量 f	通常限制进给量的主要因素是切削力及加工表面粗糙度： ① 粗切时，加工表面粗糙度要求不高，进给量 f 主要受刀杆、刀片、工件及机床的强度和刚度所能承受的切削力的限制。增大进给量 f，可提高生产效率，但过大进给量，会使切削力增加，影响机床进给系统、刀具和工件的强度和刚性。此外也显著增大了表面粗糙度。 ② 半精切以及精切时的进给量 f 主要根据表面粗糙度要求选择。f 愈小，表面粗糙度值愈小，表面质量愈好。 鉴于以上原因，表 1-15 和表 1-16 摘录了"切削用量简明手册"中资料，根据表中已知条件可查取粗、精加工的进给量参考值

切削用量要素	选 择 原 则
切削速度 v_c	切削速度的选择，主要考虑切削加工的经济性，必须保证刀具的经济寿命，同时切削负荷不应超过机床的额定功率，通常原则是： ① 刀具材料耐热性好，切削速度可高些。 ② 工件材料强度、硬度高，或塑性太大、太小，切削速度选低些。 ③ 粗切带外皮的工件时，应适当降低切削速度。 ④ 精切时，要求得到较小的表面粗糙度值，切削速度应避开积屑瘤的生成速度范围；对硬质合金刀具，可取较高的切削速度；对高速钢刀具，宜采用低速切削。 ⑤ 断续切削时，宜取较低的切削速度。 ⑥ 工艺系统刚性较差时，切削速度应适当减小。 ⑦ 在切削速度最后确定前，校验机床电动机功率是否足够。功率计算公式为 $$P_E = \frac{F_c v_c}{6 \times 10^4 \times \eta}$$ 式中，P_E 为机床主电机功率(单位 kW)；F_c 为切削力(单位 N)；v_c 为切削速度(单位 m/s)；η 为机械效率，在 0.9～0.75 间选取(单位 m/s)。 若验算发现超载，应适当降低切削速度。 因此，切削速度的选择必须考虑以上条件，先查表 1-18 可知车削加工的速度值，再代入上述公式，校验机床电动机功率足够，最终确定速度值

总之，切削用量的一般选择原则是：粗加工，采用低速、较大背吃刀量、较大进给量；精加工，采用高速、较小背吃刀量、较小进给量

1. 选择粗车外圆的切削用量

已知条件：毛坯为模锻件，有硬皮，毛坯直径为 $\phi90$，总长为 388 mm，工件材料为 45 钢，$\sigma_b = 650$ MPa，$\phi80^{+0.021}_{+0.002}$ 外圆长度为 78 mm，所选刀具为 YT5 焊接式车刀，$\kappa_r = 90°$，$\gamma_o = 15°$，$\lambda_s = -5°$、$\alpha_o = 6°$、$\alpha_o' = 6°$、$\kappa_r' = 10°$，刀尖圆弧半径 $r_\varepsilon = 0.5$ mm。机床为 CA6140 型卧式车床。

1) 确定背吃刀量

根据加工面的尺寸精度和表面粗糙度分析，此外圆在加工时划分为粗车、半精车和磨削三个加工阶段，$A_总 = 90-80 = 10$ mm，半精车和磨削的加工工序余量(直径)查表 1-15、表 1-16 确定为 1.5 mm 和 0.4 mm，粗车余量为 $A_粗 = A_总 - A_{半精} - A_精$，故粗车背吃刀量为 $a_{p粗} = (10 - 1.5 - 0.4)/2 = 4.05$ mm。

表 1-15　粗车及半精车外圆加工余量及偏差　　　mm

零件基本尺寸	直径余量						直径偏差	
	经或未经热处理零件的粗车		半精车				荒车 (h14)	粗车 (h12~h13)
			未经热处理		经热处理			
			折算长度					
	≤200	>200~400	≤200	>200~400	≤200	>200~400		
3~6	—	—	0.5	—	0.8	—	−0.30	−0.12~−0.18
>6~10	1.5	1.7	0.8	1.0	1.0	1.3	−0.36	−0.15~−0.22
>10~18	1.5	1.7	1.0	1.3	1.3	1.5	−0.43	−0.18~−0.27
>18~30	2.0	2.2	1.3	1.3	1.3	1.5	−0.52	−0.21~−0.33
>30~50	2.0	2.2	1.4	1.5	1.5	1.9	−0.62	−0.25~−0.39
>50~80	2.3	2.5	1.5	1.8	1.8	2.0	−0.74	−0.30~−0.54
>80~120	2.5	2.8	1.5	1.8	1.8	2.0	−0.87	−035~−0.54
>120~180	2.5	2.8	1.8	2.0	2.0	2.3	−1.00	−0.40~−0.63
>180~250	2.8	3.0	2.0	2.3	2.3	2.5	−1.15	−0.46~−0.72
>250~315	3.0	3.3	2.0	2.3	2.3	2.5	−1.30	−0.52~−0.81

注：加工带凸台的零件时，其加工余量要根据零件的最大直径来确定。

表 1-16　半精车后磨外圆加工余量及偏差　　　mm

零件基本尺寸	直径余量										直径偏差	
	第一种		第二种				第三种				第一种磨削前半精车或第三种粗磨 (h10~h11)	第二种粗磨 (h8~h9)
	经或未经热处理零件的终磨		热处理后				热处理前粗磨		热处理后半精磨			
			粗磨		半精磨							
	折算长度											
	≤200	>200~400	≤200	>200~400	≤200	>200~400	≤200	>200~400	≤200	>200~400		
3~6	0.15	0.20	0.10	0.12	0.05	0.08	—	—	—	—	−0.048~−0.075	−0.018~−0.030
>6~10	0.20	0.30	0.12	0.20	0.08	0.10	0.12	0.20	0.20	0.30	−0.058~−0.090	−0.022~−0.036
>10~18	0.20	0.30	0.12	0.20	0.08	0.10	0.12	0.20	0.20	0.30	−0.070~−0.110	−0.027~−0.043
>18~30	0.20	0.30	0.12	0.20	0.08	0.10	0.12	0.20	0.20	0.30	−0.084~−0.130	−0.033~−0.052
>30~50	0.30	0.40	0.20	0.25	0.10	0.15	0.20	0.25	0.30	0.40	−0.100~−0.160	−0.039~−0.062
>50~80	0.40	0.50	0.25	0.30	0.15	0.20	0.25	0.30	0.40	0.50	−0.120~−0.190	−0.064~−0.074
>80~120	0.40	0.50	0.25	0.30	0.15	0.20	0.25	0.30	0.40	0.50	−0.140~−0.220	−0.054~−0.087
>120~180	0.50	0.80	0.30	0.50	0.20	0.30	0.30	0.50	0.50	0.80	−0.160~−0.250	−0.063~−0.100
>180~250	0.50	0.80	0.30	0.50	0.20	0.30	0.30	0.50	0.50	0.80	−0.185~−0.290	−0.072~−0.115
>250~315	0.50	0.80	0.30	0.50	0.20	0.30	0.30	0.50	0.50	0.80	−0.210~−0.320	−0.081~−0.130

2) 选用进给量 f

进给量 f 的值一般查表确定，先根据 CA6140 型卧式车床中心高 210 mm，查表 1-5，可知刀杆截面形状选为矩形，断面 $B \times H$ 为 16×25 mm，再根据粗车背吃刀量 4.05 mm，查表 1-17，f 值 0.5～0.7 mm/r，最后根据选用原则粗车取较大值。故选取粗车 f 为 0.6 mm/r。

表 1-17　硬质合金车刀粗车外圆及端面进给量

工件材料	车刀刀杆尺寸/mm	工件直径/mm	背吃刀量/mm				
			≤3	>3～5	>5～8	>8～12	>12
			进给量 f / (mm·r^{-1})				
碳素结构钢、合金结构钢及耐热钢	16×25	20	0.3～0.4	—	—	—	—
		40	0.4～0.5	0.3～0.4	—	—	—
		60	0.5～0.7	0.4～0.6	0.3～0.5	—	—
		100	0.6～0.9	0.5～0.7	0.5～0.6	0.4～05	—
		400	0.8～1.2	0.7～1.0	0.6～0.8	0.5～0.6	—
	20×30 25×25	20	0.3～0.4	—	—	—	—
		40	0.4～0.5	0.3～0.4	—	—	—
		60	0.6～0.7	0.5～0.7	0.4～0.6	—	—
		100	0.8～1.0	0.7～0.9	0.5～0.7	0.4～0.7	—
		400	1.2～1.4	1.0～1.2	0.8～1.0	0.6～0.9	0.4～0.6
铸铁及铜合金	16×25	40	0.4～0.5	—	—	—	—
		60	0.6～0.8	0.5～0.8	0.4～0.6	—	—
		100	0.8～1.2	0.7～1.0	0.6～0.8	0.5～0.7	—
		400	1.0～1.4	1.0～1.2	0.8～1.0	0.6～0.8	0.4～0.6
	20×30 25×25	40	0.4～0.5	—	—	—	—
		60	0.6～0.9	0.5～0.8	0.4～0.7	—	—
		100	0.9～1.3	0.8～1.2	0.7～1.0	0.5～0.8	—
		400	1.2～1.8	1.2～1.6	1.0～1.3	0.9～1.1	0.7～0.9

注：1. 加工断续表面及有冲击的加工时，表面的进给量应乘以系数 $k = 0.75～0.85$。

　　2. 加工耐热钢及其合金时，不易采用大于 1.0 mm/r 的进给量。

　　3. 加工淬硬钢时，表面的进给量应乘以系数 k。当材料硬度为 44～56HRC 时，$k = 0.8$，当硬度为 57～62HRC 时，$k = 0.5$。

3) 选用切削速度

主轴的转速是根据切削速度计算选取的。而切削速度的选择则和工件材料、刀具材料以及工件加工精度有关。先采用硬质合金车刀，粗车外圆面，粗车背吃刀量 4.05 mm，f 为 0.5～0.7 mm/r，直径为 $\phi 90$ mm，正火处理，查表 1-18 切削速度约为 90～110 m/min，根据选择原则，粗车切削速度选小值，$v_{c1} = 90$ m/min，计算主轴的转速为

$$n_1 = \frac{1000 v_{c1}}{\pi d} = \frac{1000 \times 90}{3.14 \times 90} = 318.5 \text{ r/min}$$

再查表 1-19，CA6140 卧式车床上主轴转速中选取近似值为 320 r/min，再反计算 v_c 为

$$v_c = \frac{\pi d_w n}{1000} = \frac{3.14 \times 90 \times 320}{1000} = 90.4 \text{ m/min}$$

表 1-18　国产焊接和可转位车刀切削速度选用参考表

工件材料	热处理状态	刀具材料	v_c/(m/min)		
			a_p= 0.3～0.5 mm f=0.08～0.3 mm/r	a_p= 2～6 mm f=0.3～0.6 mm/r	a_p= 6～10 mm f=0.6～1 mm/r
碳素钢	正火	YT15、YT30、YT5R、YC35、YC45	160～130	110～90	80～60
	调质		130～100	90～70	70～50
合金钢	正火	YT30、YT5R、YM10	130～110	90～70	70～50
	调质	YW1、YW2、YW3、YC45	110～80	70～50	60～40
不锈钢	正火	YG8、YG6A、YG8N、YW3、YM051、YM10	80～70	70～60	60～50
淬火钢	>45HRC	YT510、YM051、YM052	>40HRC 50～30	60HRC 30～20	—
高锰钢	(ω_{Mn} 13%)	YT5R、YW3、YC35、YS30、YM052	30～20	20～10	
高温合金	(GH135)	YM051、YM052、YD15	50	—	
	(K14)	YS2T、YD15	40～30	—	
钛合金	—	YS2T、YD15	a_p= 1.1 mm f=0.1～0.3 mm/r v_c=65～36 m/min	a_p= 2.0 mm f=0.1～0.3 mm/r v_c=49～28 m/min	a_p= 3.0 mm f=0.1～0.3 mm/r v_c=44～26 m/min
灰铸铁	(<190HBS)	YG8、YG8N	120～90	80～60	70～50
	(190～225HBS)	YG3X、YG6X、YG6A	110～80	70～50	60～40
冷硬铸铁	≥45HRC	YG6X、YG8M、YM053 YD15、YS2、YDS15	a_p= 3～6 mm, f=0.15～0.3 mm/r, v_c=15～17		

表 1-19　CA6140 的最大加工尺寸及主轴转速

名称	型号	最大加工尺寸 (直径/mm × 长度/mm)	主轴转速 /(r/min)
卧式车床	CA6140	400 × 650	正转：10，12，16，20，25，32，40，50，63，80，100，125，160，200，250，320，400，450，500，560，710，900，1120，1400 反转：14，22，36，56，90，141，226，565，633，1018，1580

4) 机床主电机功率校核

粗加工阶段要切除的余量大，加工时需要较大的切削功率。所以，还要求对机床的功率进行核算。

$$F_c = C_{F_c} a_p^{x_{F_c}} f^{y_{F_c}} v^{n_{F_c}} K_{F_c}$$

查表 1-20 得：$C_{F_c} = 2795$，$X_{F_c} = 1.0$，$y_{F_c} = 0.75$，$n_{F_c} = -0.15$，式中修正系数 $K_{F_c} = K_{M_F} K_{k_r F} K_{r_o F}$。

表 1-20　硬质合金车刀外圆纵车、横车镗孔时 C_F、x_F、y_F、n_F 取值

加工材料	加工形式	切削力 F_c $F_c = C_{R_c} a_p^{x_{R_c}} f^{y_{R_c}} v_c^{n_{R_c}} K_{R_c}$				背向力 F_p $F_p = C_{F_p} a_p^{x_{F_p}} f^{y_{F_p}} v_c^{n_{F_p}} K_{F_p}$				进给力 F_f $F_p = C_{F_p} a_p^{x_{F_p}} f^{y_{F_p}} v_c^{n_{F_p}} K_{F_p}$			
		C_{F_c}	X_{F_c}	Y_{F_c}	n_{F_c}	C_{F_p}	X_{F_p}	Y_{F_p}	n_{F_p}	C_{F_f}	X_{F_f}	Y_{F_f}	n_{F_f}
结构钢铸铁 $\sigma_s = 650$ MPa	外圆纵车、横车及镗孔	2795	1.0	0.75	−0.15	1940	0.90	0.6	−0.3	2880	1.0	0.5	-0.4
	外圆纵车 ($\kappa_r' = 0°$)	3570	0.9	0.9	−0.15	2845	0.60	0.3	−0.3	2050	1.05	0.2	-0.4
	切槽及切断	3600	0.72	0.8	0	1390	0.73	0.67	0				
不锈钢 1Cr18Ni9Ti 硬度 141HBS	外圆纵车、横车及镗孔	2000	1.0	0.75	0								
灰铸铁 硬度 190HBS	外圆纵车、横车及镗孔	900	1.0	0.75	0	530	0.9	0.75	0	450	1.0	0.4	0
	外圆纵车 ($\kappa_r' = 0°$)	1205	1.0	0.85	0	600	0.6	0.5	0	235	1.05	0.2	0
可锻铸铁硬度 150HBS	外圆纵车 ($\kappa_r' = 0°$)	795	1.0	0.75	0	420	0.9	0.75	0	375	1.0	0.4	0

查表 1-21 得：加工材料机械性能改变的修正系数 $K_{M_F} = \left(\dfrac{\sigma_\mathrm{b}}{650}\right)^{n_f} = \left(\dfrac{650}{650}\right)^{0.75} = 1$；刀具几

何参数改变的修正系数 $K_{k_r F} = 0.89$，$K_{r_o F} = 0.95$。代入上式得：

$$F_\mathrm{c} = 2795 \times 4.05 \times 0.6^{0.75} \times 90.4^{-0.15} \times 1 \times 0.89 \times 0.95 = 3319.1(\mathrm{N})$$

进而得切削功率

$$P_\mathrm{E} = \frac{F_\mathrm{c} v_\mathrm{c}}{6 \times 10^4 \times \eta} = \frac{3319.1 \times 90.4}{6 \times 10^4 \times 0.85} = 5.88(\mathrm{kW})$$

已知，CA6140 机床主电机功率为 7.5 kW，可以满足加工需求。

最后，确定粗车切削用量为 $a_\mathrm{p} = 4.05$ mm，$f = 0.6$ mm/r，$v_\mathrm{c} = 90.4$ m/min。

表 1-21　加工结构钢和铸铁时工件材料、前角和主偏角对切削力的影响系数值

K_{M_F} 材料类型	材料对切削力修正系数			$K_{\gamma_a F}$ 前角 γ_a	前角对切削力修正系数			$K_{K_r F}$ 主偏角 κ_r	主偏角对切削力修正系数		
	$K_{M_{Fc}}$	$K_{M_{Fp}}$	$K_{M_{Ff}}$		$K_{\gamma_e F_e}$	$K_{\gamma_o F_p}$	$K_{\gamma_a F_f}$		$K_{k_f F_e}$	$K_{k_f F_p}$	$K_{k_f F_p}$
结构钢 铸钢	$\left(\dfrac{\sigma_\mathrm{b}}{650}\right)^{0.75}$	$\left(\dfrac{\sigma_\mathrm{b}}{650}\right)^{0.75}$	$\left(\dfrac{\sigma_\mathrm{b}}{650}\right)^{0.75}$	$-15°$	1.25	2.0	2.0	$30°$	1.08	1.30	0.78
				$-10°$	1.2	1.8	1.8	$45°$	1.0	1.0	1.0
灰铸铁	$\left(\dfrac{\mathrm{HBS}}{190}\right)^{0.4}$	$\left(\dfrac{\mathrm{HBS}}{190}\right)^{1.0}$	$\left(\dfrac{\mathrm{HBS}}{190}\right)^{0.4}$	$0°$	1.1	1.4	1.4	$60°$	0.94	0.79	1.11
				$10°$	1.0	1.0	1.0	$75°$	0.92	0.62	1.13
可锻 铸铁	$\left(\dfrac{\mathrm{HBS}}{180}\right)^{0.4}$	$\left(\dfrac{\mathrm{HBS}}{180}\right)^{1.0}$	$\left(\dfrac{\mathrm{HBS}}{180}\right)^{0.4}$	$20°$	0.9	0.7	0.7	$90°$	0.89	0.50	1.17

2. 选择半精车外圆的切削用量

已知条件：工件材料为 45 钢，$\sigma_\mathrm{b} = 650$ MPa，$\phi 80^{+0.021}_{+0.002}$，外圆长度为 78 mm，所选刀具为 YT15 焊接式车刀，$\kappa_\mathrm{r} = 90°$，$\gamma_\mathrm{o} = 20°$，$\lambda_\mathrm{s} = +5°$、$\alpha_\mathrm{o} = 8°$、$\alpha'_\mathrm{o} = 8°$、$\kappa'_\mathrm{r} = 10°$，刀尖圆弧半径 $r_\varepsilon = 0.5$ mm 机床为 CA6140 型卧式车床。

1) 确定背吃刀量

半精车的加工工序余量(直径)查表 1-15 确定为 1.5 mm，即 $a_\mathrm{p} = A_{半精}/2 = 1.5/2 = 0.75$ mm。

2) 选用进给量 f

根据进给量 f 的选用原则，半精车进给量 f 值应比粗车小一些，且刀尖圆弧半径 $r_\varepsilon = 0.5$ mm，查表 1-22 可知，应选取 f 为 0.25 mm/r。

表 1-22　硬质合金外圆车刀半精车的进给量

工件材料	表面粗糙度 $Ra/\mu m$	车削速度范围 /(mm/min)	刀尖圆弧半径 r/mm		
			0.5	1.0	2.0
			进给量 f/(mm/r)		
铸铁、青铜、铝合金	6.3	不限	0.25~0.40	0.40~0.50	0.50~0.60
	3.2		0.15~0.25	0.25~0.40	0.40~0.60
	1.6		0.10~0.15	0.15~0.20	0.20~0.35
碳钢及合金钢	6.3	<50	0.30~0.50	0.45~0.60	0.55~0.70
		>50	0.40~0.55	0.55~0.65	0.65~0.70
	3.2	<50	0.18~0.25	0.25~0.30	0.3~0.40
		>50	0.25~0.30	0.30~0.35	0.35~0.50
	1.6	<50	0.10	0.11~0.15	0.15~0.22
		50~100	0.11~0.16	0.16~0.25	0.25~0.35
		>100	0.16~0.20	0.20~0.25	0.25~0.35

3) 选用切削速度

根据已知条件半精车背吃刀量 0.75 mm，f 为 0.25 mm/r，查表 1-18，切削速度约为 130~160 m/min，且外圆直径为 $\phi81.9$ mm。

又根据切削速度 v_c 的选用原则，半精车进给量 v_c 值应取大一些。选 $v_{c1}=130$ m/min，计算主轴的转速为

$$n_1 = \frac{1000v_c}{\pi d} = \frac{1000 \times 130}{3.14 \times 81.9} = 505.5 \text{ r/min}$$

再查表 1-19，CA6140 卧式车床上主轴转速中选取近似值为 500 r/min，再反计算 v_c 为

$$v_c = \frac{\pi d_w n}{1000} = \frac{3.14 \times 81.9 \times 500}{1000} = 128.6 \text{ m/min}$$

半精车机床功率可以不校验。

最后，确定半精车切削用量为 $a_p=1.5$ mm，$f=0.25$ mm/r，$v_c=128.6$ m/mim。

3. 选择磨削外圆时的切削用量

磨削用量包含磨削速度(砂轮速度)、工件速度切向进给量(也称工件切线速度)、砂轮轴向进给量、砂轮径向进给量或磨削深度(背吃刀量)。

磨削用量的选择对于磨削过程能否达到要求是十分重要的。它不仅决定了磨削加工的生产效率和经济性，而且也影响被加工工件的精度和表面质量。磨削过程中应当结合磨床的结构性能、砂轮特性、工件材料性质、磨削方式、磨削效率和工件精度及表面质量要求等各方面的因素，来合理选择磨削用量。例如输出轴(IT6，Ra 1.6 μm)外圆，采用粗磨方法加工，查表 1-16 磨削余量 A(直径)为 0.4 mm，砂轮尺寸为外径 $\phi400$ mm，宽度 100 mm，磨削用量查表 1-23~表 1-25 如下：

(1) 砂轮速度 $v_c=35$ m/s。

(2) 工件速度 $v_w=13$ m/s。

(3) 砂轮纵向(轴向)进给量 $f_a = 0.5 \times 100 = 50$ mm。

(4) 砂轮径向进给量 f_r 或磨削深度(背吃刀量)a_p 为 0.0242 mm。

工作台单行程切除材料量,磨削加工是往复运动,加工时工作台往复一次行程磨削深度应将表列数值乘 2,且半精车的加工工序余量 $A = 0.4$ mm。故应分 9 次磨削加工。

表 1-23　外圆磨削砂轮速度 v_c

砂轮速度 /(m/s)	陶瓷结合剂砂轮	≤35
	树脂结合剂砂轮	＞50

表 1-24　纵进给粗磨外圆磨削用量

1. 工件速度 v_w						
工件磨削表面直径 d_w /(mm)	20	30	50	80	120	200	300
工件速度 v_w /(m/min)	10～20	11～22	12～24	13～26	14～28	15～30	17～34

2. 纵向进给量

$f_a = (0.5～0.8)b_s$，式中 b_s 为砂轮宽度/mm

3. 切削深度 a_p

工件表面直径 d_w /mm	工件速度 v_w /(m/min)	工件纵向进给量 f_a(以砂轮宽度计)			
		0.5	0.6	0.7	0.8
		工作台单行程磨削深度 a_p / (mm/st)			
20	10	0.0216	0.0180	0.0154	0.0135
	15	0.0144	0.0120	0.0103	0.0090
	20	0.0108	0.0090	0.0077	0.0068
30	11	0.0222	0.0185	0.0158	0.0139
	16	0.0152	0.0127	0.0109	0.0096
	22	0.0111	0.092	0.0079	0.0070
50	12	0.0237	0.0197	0.0169	0.0148
	18	0.0157	0.0132	0.0113	0.0099
	24	0.0118	0.0098	0.0084	0.0074
80	13	0.0242	0.0201	0.0172	0.0151
	19	0.0165	0.0138	0.0118	0.0103
	26	0.0126	0.0101	0.0086	0.0078
120	14	0.0264	0.0220	0.0189	0.0165
	21	0.0176	0.0147	0.0126	0.0110
	28	0.0132	0.0110	0.0095	0.0083
200	15	0.0287	0.0239	0.0205	0.0180
	22	0.0196	0.0164	0.0140	0.0122
	30	0.0144	0.0120	0.0103	0.0090

工件表面直径 d_w /mm	工件速度 v_w /(m/min)	工件纵向进给量 f_a(以砂轮宽度计)			
		0.5	0.6	0.7	0.8
		工作台单行程磨削深度 a_p/ (mm/st)			
300	17	0.0287	0.0239	0.0205	0.0179
	25	0.0195	0.0162	0.0139	0.0121
	34	0.0143	0.0119	0.0102	0.0089

切削深度的修正系数						
与砂轮耐用度及直径有关 k_1					与工件材料有关 k_2	
耐用度	砂轮直径 d_s				加工材料	系数
T/s	400	500	600	750		
360	1.25	1.4	1.6	1.8	耐热钢	0.85
540	1.0	1.12	1.25	1.4	淬火钢	0.95
900	0.8	0.9	1.0	1.12	非淬火钢	1.0
1440	0.63	0.71	0.8	0.9	铸铁	1.05

注：工作台往复一次行程磨削深度 a_p 应将表列数值乘2。

表 1-25　精磨外圆磨削用量

1. 工件速度 v_w					
工件磨削表面直径 d_w/mm	加工材料		工件磨削表面直径 d_w/mm	加工材料	
	非淬火钢及铸铁	淬火钢及铸铁		非淬火钢及铸铁	淬火钢及铸铁
20	15～30	20～30	120	30～60	35～60
30	18～35	22～35	200	35～70	40～70
50	20～40	25～40	300	40～80	50～80
80	25～50	30～50			

2. 纵向进给量 f_a			
表面粗糙度 Ra0.8 μm	$f_a = (0.4～0.6)b_s$	表面粗糙度 Ra0.4～0.2 μm	$f_a = (0.4～0.6)b_s$

3. 磨削深度 a_p										
工件磨削表面直径 d_w /mm	工件速度 v_w /(m/min)	工件纵向进给量 f_a/(mm/r)								
		10	12.5	16	20	25	32	40	50	63
		工作台单行程磨削深度 a_p/ (mm/st)								
20	16	0.0112	0.0090	0.0070	0.0056	0.0045	0.0035	0.0028	0.0022	0.0018
	20	0.0090	0.0072	0.0056	0.0045	0.0036	0.0028	0.0022	0.0018	0.0014
	25	0.0072	0.0058	0.0045	0.0036	0.028	0.0022	0.0018	0.0014	0.0011
	32	0.0056	0.0045	0.0035	0.0028	0.0023	0.0018	0.0014	0.0011	0.0009

续表

工件磨削表面直径 d_w /mm	工件速度 v_w /(m/min)	工件纵向进给量 f_a/(mm/r)								
		10	12.5	16	20	25	32	40	50	63
		工作台单行程磨削深度 α_p/(mm/st)								
30	20	0.0109	0.0088	0.0069	0.0055	0.0044	0.0034	0.0027	0.0022	0.0017
	25	0.0087	0.0070	0.0055	0.0044	0.0035	0.0027	0.0022	0.0018	0.0014
	32	0.0068	0.0054	0.0043	0.0034	0.0027	0.0021	0.0017	0.0014	0.0011
	40	0.0054	0.0043	0.0034	0.0027	0.0022	0.0017	0.0014	0.0011	0.0009
50	23	0.0123	0.0099	0.0077	0.0062	0.0049	0.0039	0.0031	0.0025	0.0020
	29	0.0098	0.0079	0.0061	0.0049	0.0039	0.0031	0.0025	0.0020	0.0016
	36	0.0079	0.0064	0.0049	0.0040	0.0032	0.0025	0.0020	0.0016	0.0013
	45	0.0063	0.0051	0.0039	0.0032	0.0025	0.0020	0.0016	0.0013	0.0010
80	25	0.0143	0.0115	0.0090	0.0072	0.0058	0.0045	0.0036	0.0029	0.0023
	32	0.0112	0.0090	0.0071	0.0056	0.0045	0.0035	0.0028	0.0023	0.0018
	40	0.0090	0.0072	0.0057	0.0045	0.0036	0.0028	0.0022	0.0018	0.0014
	50	0.0072	0.0058	0.0046	0.0036	0.0029	0.0022	0.0018	0.0014	0.0011
120	30	0.0146	0.0117	0.0092	0.0074	0.0059	0.0046	0.0037	0.0029	0.0023
	38	0.0115	0.0093	0.0073	0.0058	0.0046	0.0036	0.0029	0.0023	0.0018
	48	0.0091	0.0073	0.0058	0.0046	0.0037	0.0029	0.0023	0.0019	0.0015
	60	0.0073	0.0059	0.0047	0.0037	0.0030	0.0023	0.0018	0.0015	0.0012
200	35	0.0162	0.0128	0.0101	0.0081	0.0065	0.0051	0.0041	0.0032	0.0026
	44	0.0129	0.0102	0.0080	0.0065	0.0052	0.0040	0.0032	0.0026	0.0021
	55	0.0103	0.0081	0.0064	0.0052	0.0042	0.0032	0.0026	0.0021	0.0017
	70	0.0080	0.0064	0.0050	0.0041	0.0033	0.0025	0.0020	0.0016	0.0013
300	40	0.0174	0.0139	0.0109	0.0087	0.0070	0.0054	0.0044	0.0035	0.0028
	50	0.0139	0.0111	0.0087	0.0070	0.0056	0.0043	0.0035	0.0028	0.0022
	63	0.0110	0.0088	0.0069	0.0056	0.0044	0.0034	0.0028	0.0022	0.0018
	70	0.0099	0.0079	0.0062	0.0050	0.0039	0.0031	0.0025	0.0020	0.0016

切削深度的修正系数											
与加工精度有关的 k_1						与加工材料及砂轮直径有关 k_2					
精度等级	直径余量/mm						加工材料	砂轮直径 d_s/mm				
	0.11～0.15	0.2	0.3	0.5	0.7	1.0		400	500	600	750	900
IT5 级	0.4	0.5	0.63	0.8	1.0	1.12	耐热钢	0.55	0.6	0.71	0.8	0.85

总之，正确地选择切削用量，对提高切削效率，保证必要的刀具寿命和经济性以及加工质量，都有重要的意义。

1.1.5 车削输出轴实训内容及质量分析

1. 普通车床基本知识与操作

1) 实训目的

熟悉车床车削的安全操作规程，了解车床的功能，了解 6S 管理的内容，掌握车床主轴速度的变换以及走刀量的调整技巧。

2) 实训内容

(1) 车床各部件的作用。

(2) 车刀的装夹与选择。

(3) 工件的找正。

(4) 车床的擦拭与保养。

(5) 安全文明生产。

3) 实训步骤

(1) 工件的安装与找正。

(2) 刀具的安装。

(3) 试切削。

(4) 车床的擦拭及保养。

4) 注意事项

(1) 做到正确站位。

(2) 变速时必须停车。

(3) 卡盘扳手要随手取下。

5) 质量分析

(1) 分析车床启动时(后)，工件旋转不均匀，摆动过大的原因。

(2) 分析车端面后，端面不平，产生凸、凹现象或端面中心留有一段"小圆柱"的原因。

2. 车刀刃磨

1) 实训目的

了解车刀的基本结构和几何角度，了解砂轮的基本知识及选用，掌握车刀刃磨的方法及步骤。

2) 实训内容

(1) 车刀和砂轮的常用材料。

(2) 磨刀时的注意事项。

(3) 刀具几何角度及作用简介。

(4) 90°车刀的刃磨。

3) 实训步骤

(1) 砂轮的修整。

(2) 粗磨、精磨、刀刃修研。

4) 注意事项

(1) 刃磨车刀前，应首先检查砂轮有无裂纹，砂轮轴螺母是否拧紧，并经试转后使用，以免砂轮碎裂或飞出伤人。

(2) 刃磨刀具不能用力过大，否则会使手打滑而触及砂轮面，造成工伤事故。

(3) 磨刀时应戴防护眼镜，以免砂砾和铁屑飞入眼中。

(4) 磨刀时不要正对砂轮的旋转方向站立，以防意外。

(5) 磨小刀头时，必须把小刀头装入刀杆上。

(6) 焊接车刀刃磨时刀片不能蘸水，高速钢车刀刃磨一定要蘸水。

5) 质量分析

磨刀后发现刀具角度不准确、刀口不直的情况，试分析原因。

3．常用量具的使用

1) 实训目的

了解常用量具的结构及使用方法，掌握加工中工件的正确测量方法。

2) 实训内容

(1) 掌握卸下零件的测量方法。

(2) 掌握装夹在车床上的零件的测量方法。

3) 实训步骤

(1) 量具结构介绍。(游标卡尺、千分尺、万能尺度尺、内径百分表)。

(2) 按零件图要求实测两个指定零件，测量台阶长度，内孔直径，孔深。

(3) 对装夹在车床上的零件，按要求测量部分尺寸。

4) 注意事项

(1) 游标卡尺使用前，应先把量爪和被测工件表面的灰尘和油污等擦干净，以免碰伤游标卡尺量爪和影响测量精度，同时检查各部件的相互作用，如尺框和微动装置移动是否灵活，坚固螺钉是否能起作用等。

(2) 检查游标卡尺零位，使游标卡尺两量爪紧密贴合，并用眼睛观察以确保无明显的光隙。

(3) 游标卡尺读数时，应把游标卡尺水平地拿着朝亮光的方向，使视线尽可能地和尺上所读的刻线垂直，以免由于视线的歪斜而引起读数误差。

(4) 千分尺测量轴的中心线要与工件被测长度方向相一致，不要歪斜。

(5) 在测量被加工的工件时，工件要在静态下测量，不要在工件转动或加工时测量，否则易使量具测量面磨损，测杆扭弯，甚至折断。

(6) 测量时，应使测砧测量面与被测表面接触，然后摆动测微头端找到正确位置后，使测微螺杆测量面与被测表面接触，在千分尺上读取被测值。当千分尺离开被测表面读数时，应先用锁紧装置将测微螺杆锁紧再进行读数。

(7) 量具使用完毕后，应安放在专用盒内，注意不要使它生锈或弄脏。

5) 质量分析

半精车输出轴外圆面，用同一把千分尺分别测量工件安装在车床上和卸下后的外圆尺寸，如不相同，试分析原因。

4．车外圆、车端面

1) **实训目的**

掌握车削外圆，车削端面的基本操作方法。掌握车床安全操作技术。

2) **实训内容**

(1) 学习刀具、量具的正确摆设及使用方法。

(2) 车刀的合理使用。

(3) 工件的装夹方法。

(4) 外圆、端面车削方法。

3) **实训步骤**

(1) 讲解车刀种类及车削工具的摆放及使用方法。

(2) 按工艺卡片中的端面及外圆加工工序进行加工。

(3) 熟练磨刀。

(4) 熟悉车床，在刀架上正确安装车刀。

(5) 在三爪卡盘上安装工件并对刀。

(6) 调整机床的主轴转速及纵向、横向进给量。

(7) 粗车、精车端面和外圆。

(8) 粗车、精车的技术要领。

4) **注意事项**

(1) 车端面时，车刀的刀尖应对准工件中心，以免车出的端面中心留有凸台。

(2) 车端面，当背吃刀量较大时，容易扎刀。

(3) 端面的直径从外到中心是变化的，切削速度也在改变，在计算切削速度时必须按端面的最大直径计算。

(4) 车直径较大的端面，若出现凹心或凸肚时，应检查车刀和方刀架，以及大拖板是否锁紧。

(5) 车削细长轴时，为减小工件变形，要采用 90° 外圆车刀、增加辅助支撑中心架和减小背吃刀量等方法。

(6) 车削外圆台阶时，操作不仔细，测量不准确，自动走刀控制不得当，刀尖不锋利，车刀刃磨或安装不正确，会造成外圆长度不正确，不垂直。

(7) 车刀若不锋利，手动走刀不均匀或太快，自动走刀切削用量选择不当，会造成表面粗糙度差。

5) **质量分析**

(1) 分析车削端面、外圆时，产生尺寸超差的原因和预防方法。

(2) 车削细长轴时，出现"中间尺寸大，两端尺寸小"的现象，试分析原因。

5．车圆锥、切槽

1) 实训目的

通过讲解、示范，使学生掌握圆锥锥度的计算方法，方刀架搬动的角度和方向；掌握切槽刀的刃磨方法；掌握切圆锥、切断、切槽的方法。

2) 实训内容

(1) 圆锥的加工方法。

(2) 切断刀的刃磨，切断、切槽的方法。

3) 实训步骤

(1) 介绍圆锥尺寸的计算。

(2) 讲解并演示圆锥表面的车削方法。

(3) 讲解并演示切断、切槽的方法。

4) 注意事项

(1) 车圆锥面时，锥度计算要准确，小拖板转动角度和床尾偏移量偏移要精确，量规或工件上有毛刺要擦干净，否则锥度会不准确。

(2) 检测圆锥面时，要仔细和及时，进刀量控制要好，尤其是最后一刀一定要掌握好进刀量，否则会造成尺寸超差。

(3) 车刀安装要对准中心，否则会造成圆锥母线不直，即锥面上产生凹凸现象或是中间低、两头高现象。

(4) 切槽刀刀尖必须与工件中心等高，否则切断处将剩有凸台，且刀头也容易损坏。

(5) 切槽刀伸出刀架的长度不要过长，进给要缓慢均匀。将切断时，必须放慢进给速度，以免刀头折断。

5) 质量分析

(1) 车锥面，已知：大端直径 ϕ46 mm，小端直径 ϕ40.7 mm，长度 15 mm，试计算圆锥角。

(2) 车削槽宽为 4 mm，槽深为 1.5 mm 的越程槽，试选择切槽刀的类型、材料和规格。

6．孔的车削加工

1) 实训目的

掌握中心钻、麻花钻、扩孔钻、铰刀、丝锥的结构特点、作用及加工方法；了解通孔、盲孔，镗孔刀的结构特点。

2) 实训内容

(1) 根据工艺卡片要求完成中心孔、钻孔、攻丝、铰孔、镗孔的加工。

(2) 掌握加工各种孔的测量方法。

(3) 合理选择切削用量。

(4) 初步分析钻孔和镗孔的加工质量问题。

3) 实训步骤

(1) 按工艺卡片中的孔加工工序进行加工。

(2) 讲解并演示中心孔的加工方法。

(3) 讲解并演示使用麻花钻进行钻孔的方法及操作要点。

(4) 讲解并演示使用扩孔钻进行扩孔的方法及操作要点。

(5) 正确选择镗刀(内孔车刀)的类型、材料和规格。

(6) 刃磨镗刀(内孔车刀)。

(7) 讲解并演示使用镗刀进行镗孔的方法及操作要点。

(8) 用游标卡尺和内径千分尺测量孔径和孔深。

4) 注意事项

(1) 起钻时进给量要小,待钻头头部全部进入工件后,才能正常钻削。

(2) 钻钢件时,应加冷却液,防止因钻头发热而退火。

(3) 钻小孔或钻较深孔时,由于铁屑不易排出,必须经常退出排屑,否则会因铁屑堵塞而使钻头"咬死"或折断。

(4) 钻小孔时,工件转速应选择快些,钻头的直径越大,钻速应相应更慢。

(5) 当钻头将要钻通工件时,由于钻头横刃首先钻出,因此轴向阻力大减,这时进给速度必须减慢,否则钻头容易被工件卡死,造成锥柄在床尾套筒内打滑而损坏锥柄和锥孔。

5) 质量分析

(1) 分析钻孔时孔径变大,产生废品的原因。

(2) 试分析镗孔时,内孔有锥度存在的原因。

7. 螺纹加工

1) 实训目的

了解螺纹种类及加工方法;掌握三角螺纹的加工方法;了解梯形螺纹的加工方法。

2) 实训内容

(1) 讲解螺纹的基本知识。

(2) 示范螺纹加工方法。

3) 实训步骤

(1) 介绍螺纹的种类及用途。

(2) 正确安装挂轮。

(3) 正确选择螺纹车刀的类型、材料和规格。

(4) 刃磨螺纹车刀。

(5) 讲解并演示车削普通三角螺纹的加工方法及操作要点。

(6) 讲解并演示车削梯形螺纹的加工方法及操作要点。

4) 注意事项

(1) 车螺纹前先检查好所有手柄是否处于车螺纹位置,防止盲目开车。

(2) 车螺纹时要思想集中,动作迅速,反应灵敏。

(3) 用高速钢车刀车螺纹时,车头转速不能太快,以免刀具磨损。

(4) 要防止车刀或刀架、拖板与卡盘、床尾相撞。

(5) 旋螺母时，应将车刀退离工件，防止车刀将手划破，不要开车旋紧或者退出螺母。

5) 质量分析

(1) 试分析螺纹车刀安装后，左、右工作后角的变化量。

(2) 试分析车螺纹时，"乱扣"的原因。

(3) 试分析牙形不正确的原因。

(4) 试分析螺纹尺寸不正确的原因。

8．成形面加工、滚花

1) 实训目的

了解各种成形面的加工方法，了解滚花加工方法。

2) 实训内容

(1) 介绍各种成形面的车削方法。

(2) 介绍滚花的加工方法。

3) 实训步骤

(1) 成形刀具车成形面。

(2) 示范双手控制法车成形面。

(3) 示范滚直纹、网纹、花纹的方法。

(4) 学生双手控制车成形面。

(5) 学生练习滚花。

4) 注意事项

(1) 零件的滚花加工看似简单，但往往会因为操作不当，造成花纹的紊乱。

(2) 切削深度要大，否则滚出来的花非常碎。

(3) 转速尽量要慢，进给量也要小。

(4) 加工中要浇油。

5) 质量分析

试分析成形刀具车成形面的加工原理。

1.2 项 目 实 施

1.2.1 分析输出轴结构工艺性，拟定加工方法及顺序

任务内容

(1) 分析零件图。

(2) 选择加工方法和顺序。

(3) 选择加工设备。

(4) 将相关的内容填入表 1-26 中。

表 1-26　项目 1.2.1

班级		组别		姓名		学号	
目　的							
资　讯							
计　划							
决　策							

班级		组别		姓名		学号	
实　施	1．**分析输出轴结构工艺性** (1) 分析输出轴的材料、功用及结构特点。 (2) 分析输出轴的技术要求。 (3) 分析输出轴结构工艺性。 2．**拟定加工方法及顺序** (1) 选择各表面的加工方法。 (2) 拟定输出轴的加工顺序。 3．**选择加工设备**						
检查、教师 评价							

1.2.2　选用车刀

任务内容

(1) 确定切削运动及切削用量。

(2) 确定车刀的种类及用途。

(3) 确定车刀材料。

(4) 将相关内容填入表 1-27 中。

表 1-27　项目 1.2.2

班级		组别		姓名		学号	
目　的							
资　讯							
计　划							
决　策							

班级		组别		姓名		学号	
实　施	**1. 车削加工的切削运动及切削用量** (1) 切削运动。 主运动： 进给运动： (2) 切削用量三要素。 主运动速度： 进给量： 背吃刀量： **2. 车刀的类型及材料** (1) 车刀类型。 (2) 常用车刀材料。 **3. 选用车削输出轴时，车刀的类型及材料(填下表)**						

加工方法	加工设备 (型号)	车刀类型		车刀材料(牌号)	
		按用途分类	按结构分类	刀片	刀杆
粗加工					
半精加工					
精加工					

检查、教师 评价	

1.2.3　刃磨并测量车刀的基本角度

任务内容

(1) 选用并标注车刀的基本角度。

(2) 刃磨车刀。

(3) 测量车刀的基本角度。

(4) 将相关内容填入表 1-28 中。

表 1-28　项目 1.2.3

班级		组别		姓名		学号	
目　的							
资　讯							
计　划							
决　策							

续表

班级		组别		姓名		学号	

1. 选用车刀的基本角度

2. 刃磨车刀 (按下图要求，刃磨 90°偏刀并目测角度值填入下表)

序号	检查项目	分值	评分标准	检测结果	得分	备注
1	前角	15	参照上图要求，单项稍差适当扣分，太差的全扣。注：不能进行车削加工的车刀评为不及格			
2	后角	10				
3	副后角	10				
4	主偏角	10				
5	副偏角	10				
6	刃倾角	10				
7	刃口平直锋利	5				
8	前面	10				
9	后面	10				
10	副后面	10				

实 施

3. 用角度测量仪，测量车刀角度并记录数据并填入下表

序号	车刀名称	基 本 角 度 值 /(°)					
		κ_r	$\kappa_{r'}$	γ_o	α_o	$\alpha_{o'}$	λ_s
1	直头外圆车刀						
2	45°弯头车刀						
3	90°偏刀						
4	切断刀						

检查、教师评价

1.2.4　安装车刀、调整车床并对刀

任务内容

(1) 车刀的安装。

(2) 调整车床并对刀。

表 1-29　项目 1.2.4

班级		组别		姓名		学号	
目　的							
资　讯							
计　划							
决　策							

实　施	**1. 安装车刀** (1) 车刀的安装步骤。 (2) 车刀安装的注意事项。 **2. 操作车床并对刀** 车削外圆和端面时的对刀(单件小批量生产、成批生产)。
检查、教师 评价	

1.2.5　车削输出轴

任务内容

(1) 选择钻削用量及切削液。

(2) 加工输出轴质量分析。

表 1-30　项目 1.2.5

班级		组别		姓名		学号	
目　的							
资　讯							
计　划							
决　策							

1. 选择钻削用量及切削液

　　已知：毛坯直径为 $\phi76$，工件材料为 45 钢，采用 90°外圆车刀、焊接式硬质合金式车刀，选用三爪卡盘和顶尖装夹工件，请选用车削输出轴外圆 $\phi 60^{+0.024}_{+0.011}$ 的切削用量、切削液及测量工具(填下表)

加工方法	加工设备	切削用量			切削液	量具
		a_p	f	v_c		
粗加工	CA6140					
半精加工	CA6140					
精加工	CA6140					

2. 加工输出轴质量分析

(1) 试分析工件出现两头直径小、中间直径大，即"腰鼓"形缺陷的原因及消除的方法。

(2) 试分析工件形状出现"竹节状"缺陷的原因及消除的方法。

3. 填写测量结果(千分尺、深度游标卡尺、游标卡尺)

尺寸项目 \ 工件	工件 1	工件 2	工件 3	测量工具
外圆				
内孔				
孔深				

实 施

检查、教师评价

1.3　拓　展　训　练

1.3.1　分析输出轴结构工艺性，拟定加工方法及顺序

思考题：请判断图 1-2 所示零件结构工艺性好坏，并简要说明理由。

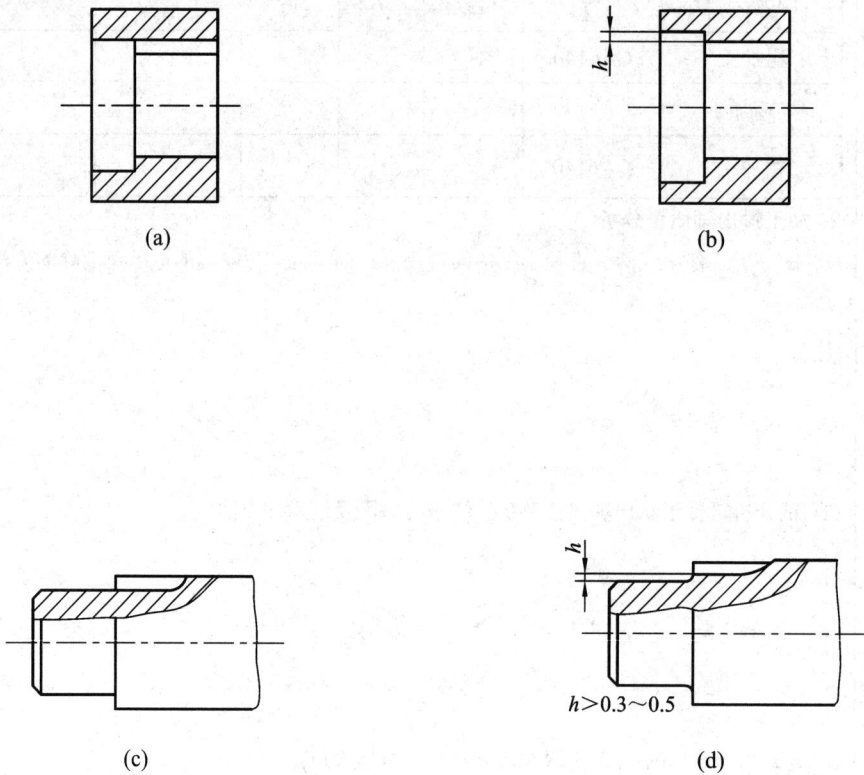

(a)　　　　　　　　　　　(b)

(c)　　　　　　　　　　　(d)

h>0.3～0.5

图 1-2　加工槽

1.3.2　选用车刀

1. 名词解释

(1) 金属切削加工。

(2) 切削速度。

(3) 进给量。

(4) 切削深度。

(5) 合成切削运动。

(6) 红硬性。

(7) 硬质合金。

(8) 陶瓷刀具。

(9) 超硬刀具材料。

2．填空

(1) 金属切削加工课程为机械制造专业的_____课，同时也是本专业的_____课。

(2) 车削时的切削速度计算公式是_____，圆柱铣削时的切削速度计算公式是_____。

(3) 刀具材料应具备的机械特性有_____，_____，_____，_____。应具备的工艺特性有_____。

(4) 高速钢里常添加的合金元素有_____，_____，_____，_____。

(5) 合金元素 W 在刀具材料里主要起_____作用，而合金元素 V 在刀具材料里主要起_____作用。

(6) 高速钢刀具材料主要用于作_____类刀具。

(7) YG 类硬质合金主要用于加工_____类工件材料，YT 类硬质合金主要用于加工_____类工件材料。

(8) 选择刀具材料的原则是_____，若受刀具的形式所限则再考虑选用_____。

(9) 通常精加工选用_____高的刀具材料，而粗加工则选用_____高的刀具材料。

(10) 按加工表面特征，车刀可分为外圆车刀、内孔车刀、切槽车刀和_____。

3．不定项选择

(1) 如图 1-3 所示，切断棒料 $d = 60$ mm 平均切削速度 $v_c = 30$ m/min，则主轴转 n 可选为(   )。

A. $250 \sim 280$ r/min   B. $300 \sim 320$ r/min

C. $380 \sim 400$ r/min   D. $420 \sim 450$ r/min

(2) 如图 1-4，割断直径 $d = 50$ mm 棒料，选用 $n = 600$ r/min，$f = 0.2$ mm/r，其切断机动时间约为(   )。

A. $30 \sim 32$ s   B. $25 \sim 27$ s   C. $18 \sim 20$ s   D. $12 \sim 13$ s

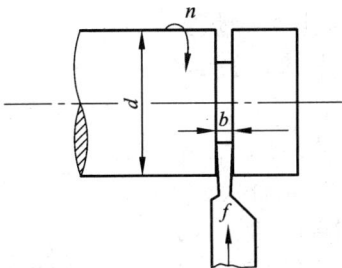

图 1-3   切断棒料   图 1-4   车外圆

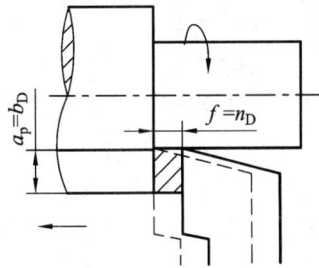

(3) 刀具切削部分材料的类型可分为(　　)。

A. 碳素工具钢、合金工具钢、高速钢

B. YG、YT、YN、YW

C. 工具钢、硬质合金、陶瓷、超硬刀具材料

D. 高速钢、硬质合金、陶瓷、金刚石

(4) ISO 标准中 P 类硬质合金相当于我国的(　　)。

A. YG 类　　　　　B. YT 类　　　　　C. YN 类　　　　　D. YW 类

(5) ISO 标准中 M 类硬质合金相当于我国的(　　)。

A. YG 类　　　　　B. YT 类　　　　　C. YN 类　　　　　D. YW 类

(6) ISO 标准中 K 类硬质合金相当于我国的(　　)。

A. YG 类　　　　　B. YT 类　　　　　C. YN 类　　　　　D. YW 类

(7) ISO 标准中 P01 类硬质合金相当于我国硬质合金的牌号是(　　)。

A. YG3　　　　　B. YT5　　　　　C. YN10　　　　　D. YT30

(8) 下列加工场合最适用金刚石刀具的是(　　)。

A. 切削淬火钢　　　　　　　　　B. 切削花岗岩、超精加工铜、铝合金

C. 精加工超硬材料　　　　　　　D. 切削超硬材料，木材、玻璃等非金属材料

(9) 下列刀具材料中耐磨性最好的是(　　)。

A. 金刚石　　　　　B. 陶瓷　　　　　C. 立方氮化硼　　　D. 涂层硬质合金

(10) 下列刀具材料中抗弯强度最高的是(　　)。

A. YG6　　　　　B. YT5　　　　　C. YG8　　　　　D. YT15

(11) 含 Co 较多的硬质合金的特点是(　　)。

A. 强度高、韧性好　　　　　　　B. 耐热性好

C. 耐磨性好　　　　　　　　　　D. 硬度高

(12) YT5 硬质合金适用于(　　)。

A. 精车铸铁　　　B. 粗车锻钢　　　C. 车铝合金　　　D. 车钛合金

(13) YG3 牌号硬质合金适用于(　　)。

A. 精车铸铁　　　B. 精车铸铁　　　C. 车合金钢　　　D. 车铜合金

(14) YG8 牌号硬质合金适用于(　　)。

A. 精车铸铁　　　B. 粗车铸铁　　　C. 车合金钢　　　D. 车钛合金

(15) YG 类硬质合金适合切削铸铁的主要原因是(　　)。

A. YG 类硬质合金耐磨性好　　　　B. YG 类硬质合金强度高

C. YG 类硬质合金抗冲击性好　　　D. 铸铁的切屑是崩碎状

(16) YT 类硬质合金适合切削钢件的主要原因是(　　)。

A. YT 类硬质合金强度好　　　　　B. YT 类硬质合金切钢磨损小

C. YT 类硬质合金切钢不易粘刀　　D. 钢的切屑是带状

(17) 加工不锈钢不用 YT 类合金而用 YG 类合金的主要原因是(　　)。

A. 不锈钢高温强度高要求刀具强度好　　　B. 不锈钢中含有 Ti 易与 TiC 黏结

C. 不锈钢韧性不好要求刀具强度好　　　　D. 不锈钢导热差希望刀具散热好

(18) 高速精车有色金属最宜选用的刀具材料是(　　)。

A. YN10　　　　　B. YG3　　　　　　C. PCD　　　　　D. CBN

(19) 粗加工铸钢宜选用的刀片牌号为(　　)。

A. W18Cr5V　　B. W6MoCr4V2　　C. YT5　　　　　D. YG6

(20) 陶瓷刀具主要适用的场合是(　　)。

A. 冷硬铸铁　　　B. 淬火钢　　　　C. 可锻铸铁　　D. 镍基合金

(21) 如图 1-4 所示用 90° 外圆刀将 $\phi80$ 的棒料加工到 $\phi72$，$n = 320$，$f = 0.18$，则 h_D 与 b_D 分别为(　　)。

A. $h_D = 0.18$，$b_D = 8$　　　　　　　　B. $h_D = 0.18$，$b_D = 4$

C. $h_D = 0.15$，$b_D = 8$　　　　　　　　D. $h_D = 0.15$，$b_D = 4$

4．标注题

在图 1-5～图 1-8 中标注主运动速度 v_c，切削深度 a_p，进给量 f 及切削层参数。

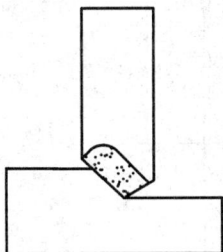

图 1-5　刨平面

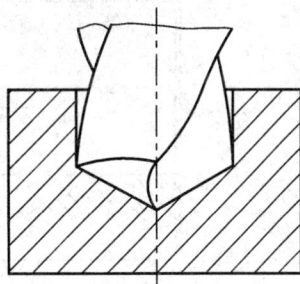

图 1-6　钻孔

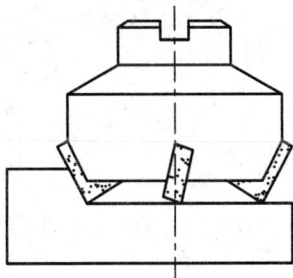

图 1-7　铣平面

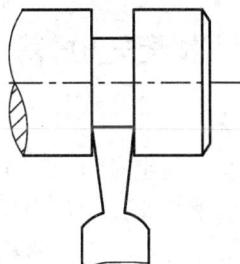

图 1-8　切断或切槽

5．分析题

(1) 粗车轴 $\phi60$ 外圆及右端面，尺寸精度为 IT11 级，表面粗糙度 Ra 为 12.5 μm，材料为 45 钢，试选择一把车刀分析：

① 车刀的材料。

② 车刀的类型。

(2) 如图 1-9 所示，镗 $\phi70$ 的内孔，尺寸公差为 0.19 mm，表面粗糙度 Ra 为 12.5 μm，材料为 HT200，试选择一把车刀，并分析：

① 车刀的类型。

② 车刀的材料。

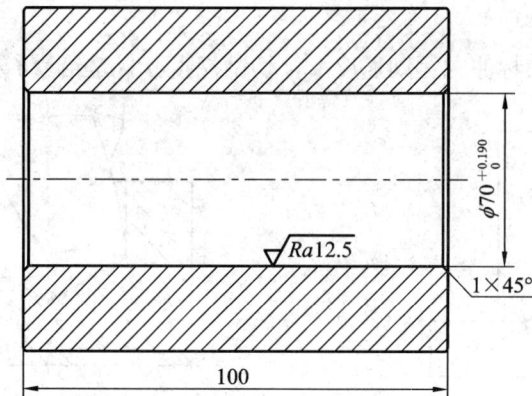

图 1-9　短轴

1.3.3　刃磨并测量车刀的基本角度

1. 不定项选择

(1) 切削平面的定义为(　　)。

A. 过主刃某点垂直于正交平面的平面　　　　B. 过主刃某点垂直于基面的平面

C. 过主刃某点与加工表面相切的平面　　　　D. 过主刃某点与加工表面垂直的平面

(2) 正交平面的定义是(　　)。

A. 过刀刃某点垂直于 P_s 的平面　　　　　　B. 过刀刃某点垂直于 P_r 的平面

C. 过刀刃某点垂直于 v_c 和 v_f 的平面　　　D. 过刀刃某点垂直于 P_r 和 P_s 的平面

(3) 广义的基面可定义为(　　)。

A. 过刀刃某点垂直于 P_s、P_n 的平面　　　B. 过刀刃某点垂直于 v_c 的平面

C. 过刀刃某点垂直于 v_e 的平面　　　　　　D. 过刀刃某点垂直于 P_o 的平面

(4) 刀具标注坐标系平面之间的关系正确的是(　　)。

A. $P_n \perp P_r$　　　　　B. $P_n \perp P_s$　　　　　C. $P_o \perp P_p$　　　　　D. $P_p \perp P_f$

(5) 下面三个相垂直的标注坐标平面是(　　)。

A. P_n、P_r、P_s　　B. P_o、P_r、P_s　　C. P_f、P_p、P_r　　D. P_p、P_r、P_o

(6) 在不同刀具标注参考系中，不随剖切面位置变化的角度是(　　)。

A. 前角　　　　　　B. 后角　　　　　　C. 偏角　　　　　　D. 刃倾角

(7) 车刀主、法剖面的关系是( )

A．相互平行 B．相互垂直

C．相互倾斜(夹角为 λ_s) D．相互倾斜(夹角为 κ_r)

(8) 确定外圆车刀后刀面方位的参数是( )。

A．a_o B．γ_o C．κ_r D．κ_r

(9) 确定外圆车刀主切削 刃在空间方位的参数是：( )

A．γ_o B．λ_s C．κ_r D．κ_r'

(10) 确定外圆车刀前刀面方位的参数是( )。

A．γ_o B．λ_s C．κ_r D．κ_r'

(11) 刀具假定进给平面中测量的角度有( )

A．γ_o B．γ_n C．γ_f D．γ_p

(12) 如图 1-10 所示，刀具加磨过渡刃后应再增加的角度是( )。

A．κ_{rg}、λ_{sg}(下标 g 表示过渡刃)

B．κ_{rg}、α_{sg}(下标 g 表示过渡刃)

C．κ_{rg}、λ_{sg}(下标 g 表示过渡刃)

D．α_{rg}、γ_{sg}(下标 g 表示过渡刃)

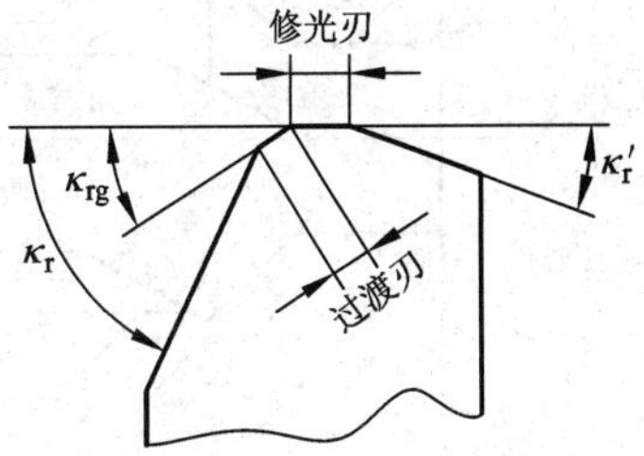

(13) 区别自由切削与非自由切削的方法是( )。

A．看主偏角是否大于 90°

B．看刃倾角是否大于零

C．看参加工作的刀刃是否大于 2 个

D．看刀具独立角度是否大于 6 个

图 1-10 过渡刃

(14) 斜角切削的特征是( )。

A．前角不等于零 B．后角不等于零

C．刃倾角不等于零 D．主偏角不等于零

(15) 改变车刀主偏角对以下哪几个切削要素有影响( )。

A．h_D B．a_p C．f D．b_D

2. 填空

(1) 已知某 90° 外圆车刀主剖面 P_o、法剖面 P_n 与切削平面 P_s 的交线间夹角为 5°，试问其 λ_s＿＿＿＿＿＿；

(2) 某 45° 弯头车刀其 $\lambda_s = 0°$ 试问在基面 P_r 内 P_s 与 P_p 夹角＿＿＿＿＿＿＿，P_s 与 P_f 夹角＿＿＿＿＿＿＿。

(3) 某专用刀具主副切削刃在同一平面形刀面上，已知 $\kappa_r = 90°$，$\kappa_r' = 0°$，$\gamma_o = 10°$，$\lambda_s = 0°$，则 $\gamma_n =$＿＿＿＿＿＿，$\lambda_f =$＿＿＿＿＿＿；

3. 标注题

在图 1-11～图 1-17 中，标注 90° 外圆车刀、45° 车刀车端面、普通外圆车刀、内孔车刀及切槽刀的基本角度(主偏角 κ_r、前角 γ_o、后角 α_o、副后角 α_o'、刃倾角 λ_s 和副偏角 κ_r')。

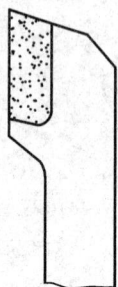

图 1-11　90° 外圆车刀

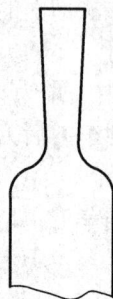

图 1-12　切槽刀

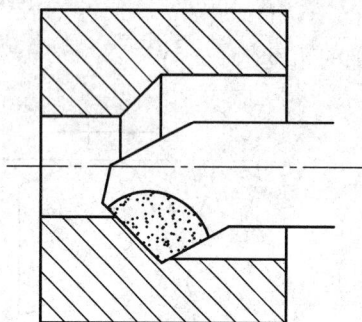

图 1-13　内孔车刀

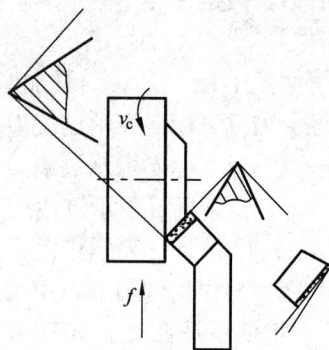

图 1-14　45° 车刀车端面

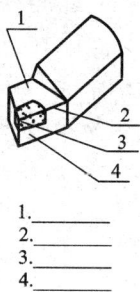

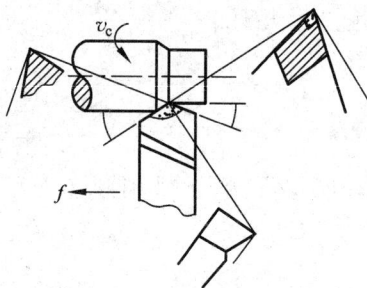

1._____
2._____
3._____
4._____

图 1-15　普通外圆车刀

1.3.4　安装车刀、调整车床并对刀

1. 填空题

(1) 当用切断刀进行切槽加工过程中其安装位置低于工件回转中心时，那么切断刀的工作后角必然_____。

(2) 某梯形螺纹车刀在切削左旋螺纹时 α_{fel} _____，其 α_{fel} _____。

(3) 切外圆时，若车刀安装高于工件回转中心则 α_{oe} _____。

2. 不定项选择题

(1) 合成切削速度 $\overrightarrow{v_{\text{e}}}$ 与主运动速度 $\overrightarrow{v_{\text{c}}}$（　　）。

A. $\vec{v}_e = \vec{v}_c$ ($\lambda_s = 0$)　　B. $\vec{v}_e = \vec{v}_c + \vec{v}_f$　　C. $\vec{v}_e = \vec{v}_f$ ($f = 0$)　　D. $\vec{v}_e = \vec{v}_c$ ($f = 0$)

(2) 影响刀具工作角度的因素有：(　　　)

A. 切削速度的大小　　　　　　　　　B. 走刀量的大小

C. 切削深度的大小　　　　　　　　　D. 刀具安装高低或偏斜的情况

(3) 如图 1-16 所示，加工内表面，若刀具安装高于工作回转中心，则(　　　)。

A. γ_{pe} 增大、α_{pe} 减少　　　　　　B. γ_{pe} 增大、α_{pe} 增大

C. γ_{pe} 不变、α_{pe} 增大　　　　　　D. γ_{pe} 增大、α_{pe} 不变

(4) 如图 1-17 所示，用 $\lambda_s = 0^\circ$ 的外圆车刀，安装高于中心时，工作角度变化为(　　　)。

A. 后角增大　　　B. 前角增大　　　C. 后角减小　　　D. 前角减小

(5) 车床上自动进给切断时，棒料中心有时会留下一段小圆柱，其原因是(　　　)。

A. 走刀量过大　　　　　　　　　　　B. 走刀量过小

C. 刀刃安装高于中心　　　　　　　　D. 刀刃安装低于中心

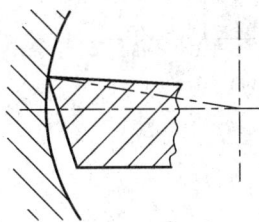　　　　　　　　　　　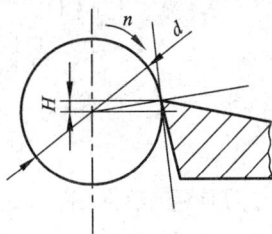

图 1-16　　　　　　　　　　　　　　　　图 1-17

3. 分析题

刀杆偏斜时工作角度的变化。

1.3.5　车削输出轴

1. 单项选择题

(1) 刀具角度对切削变形影响较大的是(　　　)。

A. 增大前角、减少变形　　　　　　　B. 减小后角、减少变形

C. 增大刃倾角、减小变形　　　　　　D. 增大主偏角、减少变形

(2) 切削深度对切削变形的影响是(　　　)。

A. 切削深度增大，切削变形明显增大　B. 切削深度增大，切削变形减小

C. 切削深度增大，切削变形基本不变　D. 切削深度增大，切削变形先增加后减小

(3) 积屑瘤对切削过程的影响是(　　　)。

A. 增大前角　　　B. 增大切削深度　　　C. 增大表面粗糙度　　　D. 加剧刀具磨损

(4) 影响积屑瘤形成的主要因素有(　　　)。

A. 切削温度　　　B. 切削速度　　　　　C. 刀具角度　　　　　　　D. 切削深度

(5) 防止积屑瘤最主要的一种措施是( )。

A. 加切削液　　　B. 增大进给量　　　　C. 避免中速切削　　　D. 减少前角

(6) 如图 1-18 所示，F_c–v_c 曲线的第 2 段，增大 v_c，F_c 升高的主要原因是( )。

A. 切削速度提高，摩擦力加大，使切削力增大

B. 切削速度使温度升高，产生积屑瘤，切削力增大

C. 切削速度使温度升高，积屑瘤减小，切削力增大

D. 切削速度提高引起温度升高、积屑瘤增大，摩擦系数增大等综合结果

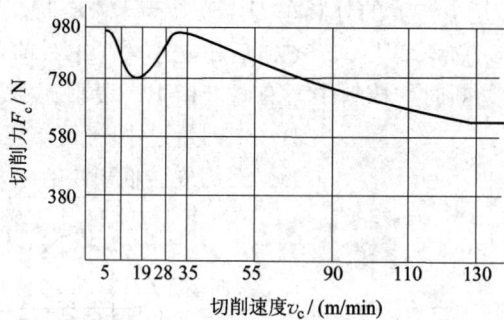

图 1-18　F_c–v_c 曲线

(7) 硬质合金刀具精加工时采用高速度，其主要目的是( )。

A. 提高刀具耐用度　　　　　　　　B. 降低切削力

C. 防止机床振动　　　　　　　　　D. 防止产生积屑瘤

(8) 欲保持生产率不变，则( )。

A. 提高 a_p，降低 v_c 对节省机床动力最有利

B. 提高 f，降低 v_c 对节省机床动力最有利

C. 提高 n，降低 a_p 对节省机床动力最有利

D. 提高 n，降低 f 对节省机床动力最有利

(9) 精切外圆时切削液的主要作用( )。

A. 冷却　　　　　　　B. 润滑　　　　　　　C. 清洗　　　　　　D. 排屑

(10) 切削液中加乳化剂的作用主要是( )。

A. 起冷却、润滑作用　　　　　　　B. 在金属表面形成保护膜

C. 抑制细菌繁殖　　　　　　　　　D. 防止形成泡沫

(11) 切削液中加入硫、磷、氯等物质的作用是( )

A. 提高切削液的冷却效果　　　　　B. 提高切削液的润滑效果

C. 提高切削液的防腐能力　　　　　D. 提高切削液高温高压下的润滑能力

(12) 评定已加工表面质量的主要指标是( )。

A. 加工表面硬化的深浅　　　　　　B. 表面残余应力及其分布

C. 表面粗糙度的高低　　　　　　　D. 表面是否有积屑瘤

(13) 提高已加工表面质量的有效措施是( )。

A. 减小进刀量　　　　　　　　　　B. 增大吃刀深度

C. 降低切削速度　　　　　　　　　D. 增大刀尖圆弧半径

(14) 减小切削变形的主要措施有(　　)。

A．减小背吃刀量　　　　　　　　B．增大进给量

C．提高切削速度　　　　　　　　D．减小前角

(15) 如图 1-20 所示，降低已加工表面硬化层最有效的措施是(　　)。

A．增大进刀量　　　　　　　　　B．增大背吃刀量

C．减小前角、后角　　　　　　　D．增大前角、后角

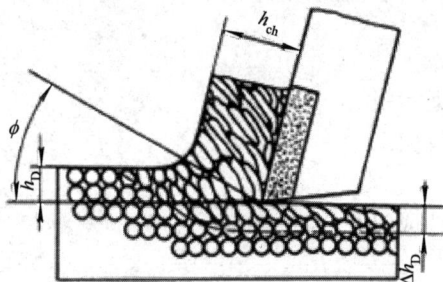

图 1-19　加工表面硬化层

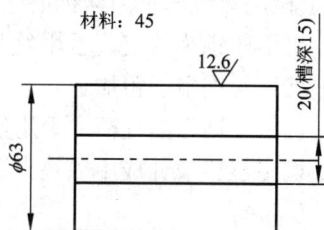

图 1-20　外圆加工

(16) 下列因素中对已加工表面粗糙度影响最显著的因素是(　　)。

A 切削速度 v_c　　　B．进给量 f　　　C．刀具前角　　　D．刀具材料

(17) 下列因素中对刀具寿命影响最显著的因素是(　　)。

A．切削速度 v_c　　　B．刀具前角　　　C．刀具材料　　　D．进给量 f

(18) 用 YT5 刀片的外圆车刀粗车 45 钢，α_o 角选择的合理数值为(　　)。

A．$0°\sim2°$　　　B．$4°\sim6°$　　　C．$-6°\sim-4°$　　　D．$15°\sim25°$

(19) 在系统刚性较好的机床上粗车碳钢轴类，λ_s 选择的数值大约为(　　)

A．$-5°\sim0°$　　　B．$-10°\sim-5°$　　C．$0°\sim5°$　　　D．$5°\sim10°$

(20) 焊接式硬质合金车刀车细长轴时刀具主偏角 κ_r 可选的最佳数值为(　　)。

A．$93°$　　　B．$75°$　　　C．$60°$　　　D．$45°$

(21) 评定材料切削加工性能最主要的指标是(　　)。

A．切削温度的高低　　　　　　　B．可获得的加工表面质量高低

C．刀具寿命的长短　　　　　　　D．材料是否容易断屑

(22) 保持切削面积不变的情况下，为减小切削力，切削用量选择的次序应为(　　)。

A．尽可能加大切削深度减少进刀量

B．尽可能用高速，小进刀，大切削深度

C．尽可能加大进刀量减少切削深度

D．尽可能用高速，大进刀，小切削深度

(23) 精车 $d=20$ mm，$L=500$ mm 的光轴，下列哪种刀具角度较合理(　　)。

A．$\kappa_r=45°$，$v_c=15°$，$\lambda_s=5°$　　B．$\kappa_r=45°$，$\gamma_o=15°$，$\lambda_s=-5°$

C．$\kappa_r=90°$，$\gamma_o=15°$，$\lambda_s=5°$　　D．$\kappa_r=90°$，$\gamma_o=15°$，$\lambda_s=-5°$

(24) 精外圆、端面及倒角，选取直径为 $\phi90$ mm 的灰铸铁棒料(HT150)为毛坯，精车后直径 $\phi85$ mm、长度为 120 mm，则车削时应选用(　　)车刀。

A．YG3，$\kappa_r=45°$　　　　　　B．YT5，$\kappa_r=90°$

C. YG8，$\kappa_r = 45°$　　　　　　D. YT30，$\kappa_r = 75°$

(25) 零件如图 1-21 所示，本工序车削外圆。最优方案为(　　)。

A. YG8　$\lambda_s = -15°$　　B. YG3　$\lambda_s = -15°$　　C. YT15　$\lambda_s = 15°$

D. YT5　$\lambda_s = -15°$　　E. YT30　$\lambda_s = 0°$　　F. YT5　$\lambda_s = 10°$

(26) 精磨淬火 40Cr，应选用(　　)。

A. 棕刚玉　　　　　　　　B. 白刚玉

C. 黑碳化硅　　　　　　　D. 绿碳化硅

(27) 机用丝锥与手用丝锥的区别是(　　)。

A. 机用丝锥为单支，手用丝锥为两或三支一组

B. 机用丝锥用于粗加工，手用丝锥用于精加工

C. 机用丝锥为圆柱柄，手用丝锥为方柄

D. 机用丝锥设计成不等径，手用丝锥设计成等径

2. 判断题

(1) 一把刀具其切削性能的好坏，是否锋利、牢固等都可从刀具角度上反映出来。(　　)

(2) 虽然背吃刀量 a_p 对切削力 F_c 影响最大，但其对刀具的切削温度 θ 的影响却不是最大的。(　　)

(3) 切削温度的最高点在刀尖处。(　　)

(4) 进给量 f 增大，切削厚度 h_D 增大，正压力增大，摩擦增大，故切削变形增大。(　　)

(5) 工件材料的硬度和强度越高，切削变形越小，切削力越小。(　　)

(6) 从 $\xi = h_{ch}/h_D$ 可知，ξ 应是一个大于或等于 1 的数，$\xi > 1$ 时说明切削过程有变形，当 $\xi = 1$ 时则说明切削过程没有变形。(　　)

(7) 切削速度主要是通过积屑瘤使剪切角改变和通过切削温度使摩擦系数 μ 变化而影响切削变形。(　　)

3. 分析题

(1) 已知条件：工件材料 45 号钢(调质)，$\sigma_b = 637$ MPa，锻件。

加工要求：如图 1-21 所示，分粗，精两道工序完成。单边余量为 4 mm。

使用机床：CA6140。

试选用可转位车刀刀片，其中注明选择刀片的规格、材料、牌号，拟定切削参数等，并注明资料来源。

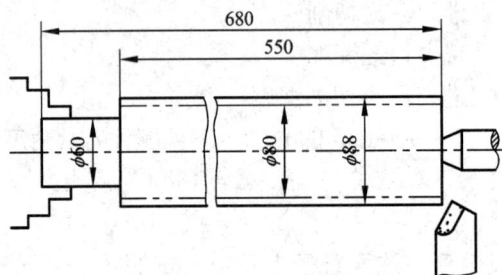

图 1-21　车削外圆

(2) 工件如图 1-22 所示，材料为 45 钢，试分析以下内容并填写表 1-21 至表 1-29：

① 分析零件图，选择加工方法、顺序。

② 正确选用设备及车刀(刀具的规格、材料等)。

③ 正确刃磨车刀并测量车刀角度。

④ 安装车刀并准确对刀。

⑤ 选择合理的切削用量和切削液。

⑥ 车削轴并进行质量分析。

图 1-22　轴

表 1-31　工序 01

班级		组别		姓名	
课程名称	精密切削加工技术	指导教师			
任务名称	粗车外圆、端面训练(1)				
任务内容	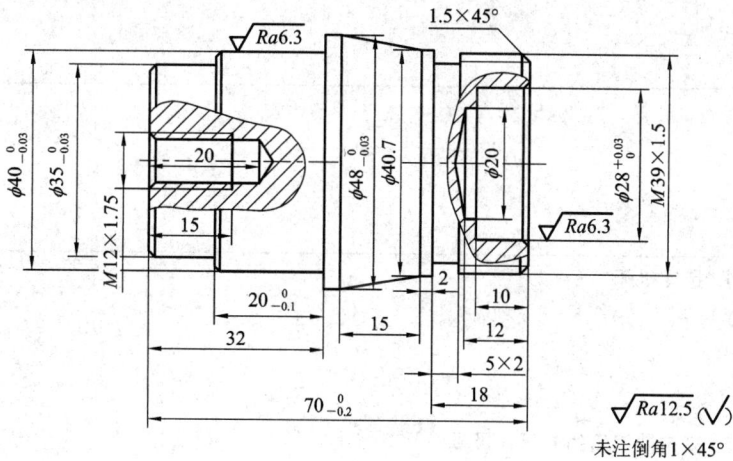				
目　的					
资　讯					

班级		组别		姓名	
课程名称	精密切削加工技术		指导教师		
计 划					
决 策					
实 施	1. 选择机床 2. 确定加工用的刀具，量具 3. 磨刀并安装刀具 4. 装夹工件 5. 正确选择粗车外圆及端面的切削用量				
教师评价					

表 1-32　工序 02

班级		组别		姓名	
课程名称	精密切削加工技术	指导教师			
任务名称	粗车另一端外圆、端面训练(2)				
任务内容					
目　的					
资　讯					
计　划					
决　策					
实　施	粗车另一端外圆、端面的加工过程及质量分析				
教师评价					

表 1-33　工序 03

班级		组别		姓名	
课程名称	精密切削加工技术		指导教师		
任务名称	精车外圆、端面训练(3)				
任务内容					
目　的					
资　讯					
计　划					
决　策					
实　施	精车外圆、端面的加工过程及质量分析				
教师评价					

表 1-34　工序 04

班级		组别		姓名	
课程名称	精密切削加工技术	指导教师			
任务名称	精车另一端外圆、端面训练(4)				
任务内容					
目　的					
资　讯					
计划					
决策					

班级		组别		姓名	
课程名称	精密切削加工技术		指导教师		
实施	1. 精车外圆、端面时的切屑类型是带状切屑，且不易折断，简述断屑时可采用主要措施。 2. 车完轴的外圆和端面后，检测发现中间细、两头粗，试分析造成此现象的因素。 3. 车完轴的外圆和端面后，再次加工时发现轴表面变硬，试分析造成的因素。 4. 车完轴的外圆和端面后，再次加工时发现轴表面软、硬不一致，试分析造成的因素。 5. 车完轴的外圆和端面后，检测发现轴的外表面有鳞片状毛刺，试分析造成的因素。				
教师评价					

表 1-35　工序 05

班级		组别		姓名	
课程名称	精密切削加工技术		指导教师		
任务名称	车外圆和台阶(5)				
任务内容					
目　的					
资　讯					
计　划					
决　策					
实　施	精车外圆、端面的加工过程及质量分析				
教师评价					

表 1-36　工序 06

班级		组别		姓名	
课程名称	精密切削加工技术		指导教师		
任务名称	钻孔、攻丝(6)				
任务内容					
目　的					
资　讯					
计　划					
决　策					
实　施	钻孔及攻丝的加工过程及质量分析				
教师评价					

表 1-37　工序 07

班级		组别		姓名	
课程名称	精密切削加工技术	指导教师			
任务名称	车锥面(7)				
任务内容					
目　的					
资　讯					
计　划					
决　策					

班级		组别		姓名	
课程名称	精密切削加工技术		指导教师		

实　施

1. 车削轴的外圆和端面后，发现切屑颜色发蓝、发紫，试分析造成此现象的因素。

2. 车削轴的外圆和端面后，发现刀具的刀刃卷曲，试分析造成此现象的因素。

3. 刃磨硬质合金车刀和高速钢车刀时，一个不能见水，一个必须要见水，试分析造成此现象的因素。

4. 车削外锥面时，发现硬质合金车刀和高速钢车刀需要加入的切削液不同，试分析造成的因素。

教师评价

表 1-38　工序 08

班级		组别		姓名	
课程名称	精密切削加工技术		指导教师		
任务名称	镗孔(8)				
任务内容					
目　　的					
资　　讯					
计　　划					
决　　策					
实施	钻孔、扩孔、镗孔的加工过程及质量分析				
教师评价					

表 1-39　工序 09

班级		组别		姓名	
课程名称	精密切削加工技术		指导教师		
任务名称	车螺纹(9)				
任务内容					
目　的					
资　讯					
计划					
决策					
实施	**切槽、车螺纹加工过程及质量分析**				
教师评价					

1.4 项目评价

表 1-40 项目评价

班级		组别		姓名		学号	
问 题							
答题记录							
考核记录							
成 绩							

项目 2　尖齿铣刀铣削箱体结合面

2.1　案例分析

图 2-1 为减速器箱体，中批量生产，加工 E 面，保证位置尺寸 127。

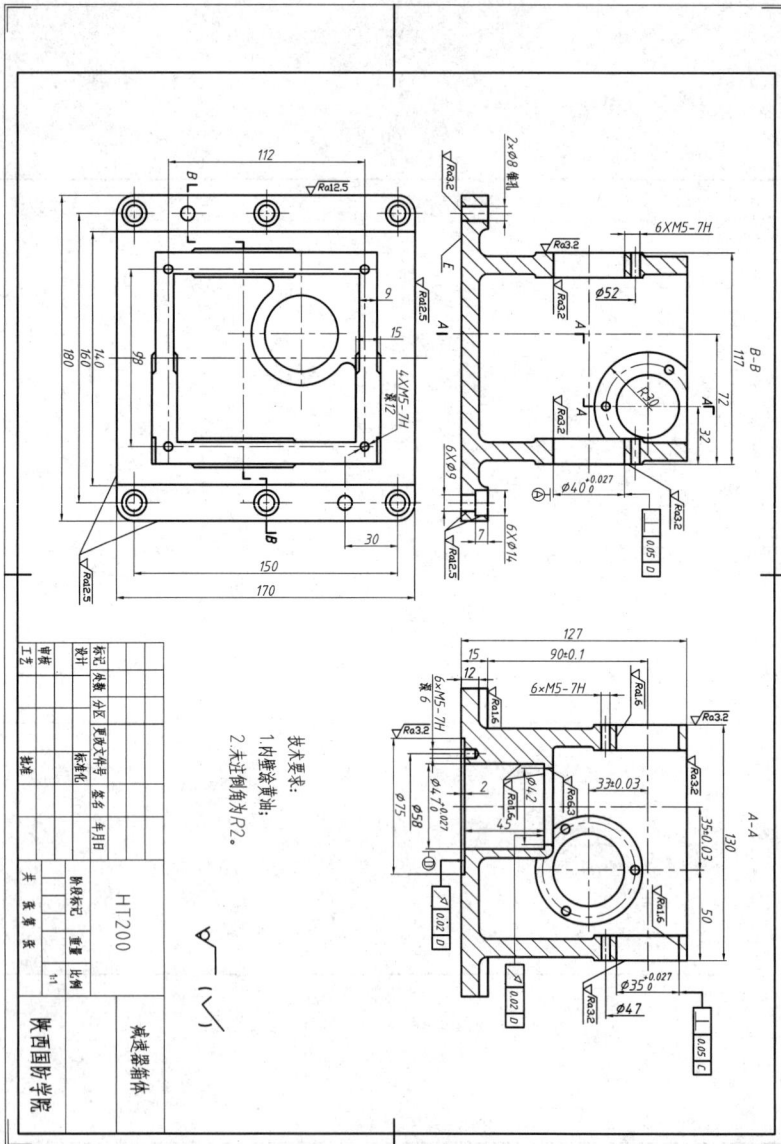

图 2-1　减速器箱体零件图

2.1.1 加工表面分析

1）功用

E 面为减速器箱体与其他零件的配合表面。

2）技术条件分析

(1) 尺寸精度、形状精度和表面粗糙度。

E 面的位置尺寸 127，宽度 170，长度 180 的尺寸精度等级均为自有公差 IT12～13。形状精度无，表面粗糙度 Ra 为 6.3。

(2) 位置精度。

无。

2.1.2 加工方法选择

根据表面粗糙度和精度等级，查表 2-1，可知符合条件的加工方法有：

(1) 粗刨—精刨。

(2) 粗铣—精铣。

刨削属于单齿切削，铣削属于多齿切削，铣削的效率高于刨削。因为减速器箱体为中批量生产，故 E 面的加工选择第二种方法：粗铣-精铣。

表 2-1 平面加工方法选择

序号	加工方法	公差等级 (IT)	表面粗糙度 $Ra/\mu m$	适用范围
1	粗车	11～13	12.5～50	端面
2	粗车—半精车	8～10	3.2～6.3	
3	粗车—半精车—精车	7～8	0.8～1.6	
4	粗车—半精车—磨削	6～8	0.2～0.8	
5	粗刨(或粗铣)	11～13	6.3～25	一般不淬硬的平面(端铣的表面粗糙度值较低)
6	粗刨(或粗铣)—精刨(或精铣)	8～10	1.6～6.3	
7	粗刨(或粗铣)—精刨(或精铣)—刮研	6～7	0.1～0.8	精度要求较高的不淬硬平面，批量较大时宜采用宽刃精刨方案
8	以宽刃精刨代替 7 中的刮研	7	0.2～0.8	

根据铣削时所用切削刃位置的不同，铣削方式分为周铣法和端铣法。如图 2-2。

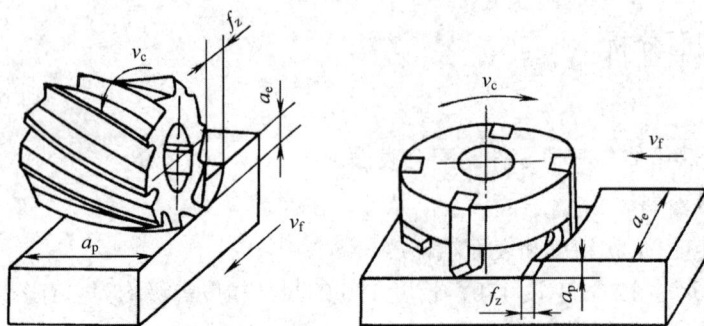

图 2-2 工件铣削方式示意图

(注：左为周铣法，右为端铣法)

由表 2-2 对比周铣和端铣的特点，故选择端铣法。

表 2-2 周铣与端铣的对比

项 目	周 铣	端 铣
有无修光刃	无	有
工件表面质量	差	好
刀杆刚度	小	大
切削振动	大	小
同时参加切削的刀齿	少	多
是否容易镶嵌硬质合金刀片	难	易
刀具耐用度	低	高
生产效率	低	高
加工范围	广	较窄

根据铣刀在工件上的铣削位置，端铣可分为对称端铣与不对称端铣两种方式。对称铣削的平均切削厚度较大，铣削淬硬钢及机床导轨时，宜采用这种铣削方式。对称铣削时的振动较大，要求机床及工艺刚性要强。故加工 E 面时，不宜采用这种铣削方式。

不对称端铣又可分为不对称逆铣和不对称顺铣。在不对称逆铣时，刀齿由最小的切削厚度切入工件，由较大的切削厚度切出，所以切入时振动小，工作平衡，当加工碳钢及高强度低合金钢时，采用这样铣削方式较好。

不对称顺铣时，刀齿由较大的切削厚度切入工件，而以较小的切削厚度切出。在加工不锈钢等变形系数较大，冷作硬化现象较严重的材料时，宜选用这种铣削方式。不对称顺铣时，刀齿切入工件时的振动要比不对称逆铣大，而且工作台进给丝杠与螺母间的间隙应予以消除，以免由于水平铣削分力(它与工作台的进给方向相同)过大，引起工作台窜动。

基于以上几点原因,故加工 E 面时,采用不对称端逆铣。

2.1.3 加工刀具选择

E 面的加工方法:粗铣—精铣,铣削方式为不对称端逆铣,因此用面铣刀。

面铣刀的选择如下:

类型:可转位式面铣刀。

材料:刀片材料粗铣时,选用 YG8,精铣时,选用 YG3。

规格:按照经验公式,面铣刀直径 $d_0 = (1.4\sim1.6)a_e$,也可查阅表 2-3。

表 2-3 面铣刀直径的数值   mm

铣削宽度 a_e	40	60	80	100	120	150	200
铣刀直径 d_0	50~63	80~100	100~125	125~160	160~200	200~250	250~315

使用查表法,确定铣刀直径为 250 mm。

表 2-4 硬质合金面铣刀的齿数

铣刀直径 d_0 /mm		50	63	80	100	125	160	200	250	315	400	500
齿数	粗齿		3	4	5	6	8	10	12	16	20	26
	中齿	3	4	5	6	8	10	12	16	20	26	34
	细齿			6	8	10	14	18	22	28	36	44

查表 2-4 得到面铣刀齿数,粗铣时为 12,精铣时为 22。

2.1.4 切削用量选择

1. 背吃刀量 a_p(单位:mm)

查表得,粗铣时的背吃刀量为 14 mm,精铣时的背吃刀量为 1.5 mm。

表 2-5 铣削背吃刀量的选取   mm

工件材料	高速钢铣刀		硬质合金铣刀	
	粗铣	精铣	粗铣	精铣
铸铁	5~7	0.5~1	10~18	1~2
软钢	<5	0.5~1	<12	1~2
中硬钢	<4	0.5~1	<7	1~2
硬钢	<3	0.5~1	<4	1~2

2. 每齿进给量 f_z(单位：mm/r)

查表 2-6 得，粗铣时的每齿进给量 f_z 为 0.5 mm/r，精铣时的每齿进给量 f_z 为 0.2 mm/r。

表 2-6 每齿进给量 f_z 值的选取   mm/r

刀具名称	高速钢刀具		硬质合金刀具	
	铸铁	钢件	铸铁	钢件
圆柱铣刀	0.12～0.2	0.1～0.15	0.2～0.5	0.08～0.20
立铣刀	0.08～0.15	0.03～0.06	0.2～0.5	0.08～0.20
套式面铣刀	0.15～0.2	0.06～0.10	0.2～0.5	0.08～0.20
三面刃铣刀	0.15～0.25	0.06～0.08	0.2～0.5	0.08～0.20

3. 铣削速度 v_c(单位：m/min)

查表 2-7 得，粗铣时的铣削速度为 70 m/min，精铣时的铣削速度为 100 m/min。

表 2-7 铣削速度 v_c 值的选取

工件材料	铣削速度 v_c / (m/min)		说　明
	高速钢铣刀	硬质合金铣刀	
20	20～45	150～190	
45	20～35	120～150	(1) 粗铣时取小值，精铣时取大值；
40Cr	15～25	60～90	(2) 工件材料强度和硬度较高时取
HT150	14～22	70～100	小值，反之取大值；
黄铜	30～60	120～200	(3) 刀具材料耐热性好时取大值，反
铝合金	112～300	400～600	之取小值
不锈钢	16～25	50～100	

2.2　项 目 实 施

2.2.1　分析箱体零件图，拟定合适加工方案，选用铣刀

任务内容

(1) 分析箱体零件图。

(2) 拟定箱体加工方案。

(3) 选用铣刀。

表 2-8　项目 2.2.1

班级		组别		姓名		学号	
目　的							
资　讯							
计　划							
决　策							

班级		组别		姓名		学号	
实　施	**1．分析箱体零件图** (1) 箱体零件的结构与特点。 (2) 从表面粗糙度、尺寸精度、形位精度等方面分析箱体零件图。 **2．拟定合适加工方案** (1) 平面加工方法以及特点。 (2) 箱体零件常用加工方案。 **3．选用铣刀** 常用铣刀的结构特点与用途。						
检查、 教师 评价							

2.2.2　安装铣刀、操作机床并对刀

任务内容

(1) 安装铣刀。

(2) 调整机床与装夹工件。

(3) 铣床对刀。

表 2-9　项目 2.2.2

班级		组别		姓名		学号	
目　的							
资　讯							
计　划							
决　策							

续表

班级		组别		姓名		学号	
实　施	**1．安装铣刀** (1) 立式铣刀的安装步骤与注意事项。 (2) 卧式铣刀的安装步骤与注意事项。 **2．调整机床与装夹工件** (1) 立式铣床的调整步骤与注意事项。 (2) 卧式铣床的调整步骤与注意事项。 (3) 铣床上工件常用的装夹方式有哪些? **3．铣床对刀** (1) 立式铣刀的对刀步骤与注意事项。 (2) 卧式铣刀的对刀步骤与注意事项。						
检查、教师 评价							

2.2.3　铣削变速器箱体上结合面

任务内容

(1) 了解铣削工艺。

(2) 铣削工艺准备。

(3) 铣削上结合面。

表 2-10　项目 2.2.3

班级		组别		姓名		学号	
目　的							
资　讯							
计　划							
决　策							

	1．工艺准备 (1) 铣削工艺的加工范围与特点。 (2) 铣削工艺准备的注意事项。 (3) 铣床操作安全注意事项。 (4) 铣削参数的选择与调整方法。 **2．铣削平面** 铣削箱体上结合面的步骤与注意事项。
实　施	
检查、教 师评价	

2.3 拓 展 训 练

2.3.1 分析箱体零件图，拟定合适加工方案，选用铣刀

1. 填空题

(1) 箱体将机器和部件中的_____、_____、_____等有关零件连接成一个整体，并使之保持正确的位置，以传递_____或改变_____来完成规定的运动。

(2) 箱体的种类很多，按其功用，可分有_____、_____、_____、_____等。

(3) 箱体毛坯制造方法有两种，一种是采用_____，另一种是采用_____。

(4) 铸铁具有_____、_____、_____等优点，箱体铸铁材料采用最多的是各种牌号的_____：如_____、HT250、_____等。

(5) 所谓铣削，就是以_____作主运动，工件或铣刀作_____的切削加工方法，铣削过程中的进给运动可以是直线运动，也可以是_____。

(6) 常用铣刀的材料有_____(如_____、_____、_____、_____)和硬质合金(如_____、_____、_____等)两种。

2. 判断题

(1) 铣削加工属于断续切削,故很少出现带状切屑。(   )

(2) 相同的公差值，基本尺寸越大(不同尺寸段内)，公差等级就越高。(   )

(3) 高速工具钢允许的切削速度要低于硬质合金。(   )

3. 选择题

(1) 铣刀是(   )刀具。

A. 单齿   B. 多齿   C. 疏齿   D. 密齿

(2) 铣削加工的经济精度为(   )，表面粗糙度 Ra 6.3～1.6 μm，最低可达 0.8 μm。

A. IT9～IT7   B. IT7～IT6   C. IT5～IT4   D. IT4～IT3

(3) (   )圆柱铣刀刀齿少，刀齿强度大，容屑空间大，适用于粗加工。

A. 单齿   B. 多齿   C. 粗齿   D. 细齿

(4) 表面粗糙度代号在图样上用(   )注在可见轮廓线、尺寸界线或它们的延长线上。

A. b 的线条   B. b/2 的线条   C. b/3 的线条   D. b/4 的线条

(5) 铣削硬度较低的材料，尤其是非金属材料时可选用(   )铣刀。

A. 硬质合金   B. 高速钢   C. 低合金刃具钢   D. 高碳工具钢

4. 简答题

(1) 箱体零件的功用与结构特点有哪些？

(2) 简述铣削加工工艺范围。

(3) 简述铣削加工工艺特点。

(4) 铣刀材料的基本要求有哪些？

5. 填表题

表 2-11　第 5 题表

铣刀种类	用　途	特　点
圆柱铣刀		
端铣刀		
三面刃铣刀		
T 形槽铣刀		
键槽铣刀		
凸半圆铣刀		
模具铣刀		
锯片铣刀		
螺旋槽刀		
齿轮铣刀		

2.3.2　安装铣刀、操作机床并对刀

1. 填空题

(1) 立式(Vertical)升降台铣床的主轴是＿＿＿＿＿，简称＿＿＿＿＿。

(2) 立式铣床上可以加工＿＿＿＿＿、＿＿＿＿＿、＿＿＿＿＿、＿＿＿＿＿、＿＿＿＿＿以及＿＿＿＿＿等。

(3) 铣床主轴前端是＿＿＿＿＿的锥孔，＿＿＿＿＿通过该锥孔定位在主轴上。锥孔内备有＿＿＿＿＿，通过其可将刀具拉紧。

(4) 铣刀杆常用的标准尺寸有＿＿＿＿＿、＿＿＿＿＿、＿＿＿＿＿。

(5) 卧式铣刀安装时，铣刀的切削刃应和＿＿＿＿＿一致。

(6) 安装圆盘铣刀时，如锯片铣刀等，由于铣削力比较小，所以一般在铣刀与刀轴之间不安装＿＿＿＿＿，此时应使螺母旋紧的方向与＿＿＿＿＿相同。

(7) 锥柄铣刀安装在＿＿＿＿＿上。

(8) 锥柄铣刀分为＿＿＿＿＿锥度的锥柄面铣刀和＿＿＿＿＿锥度的锥柄立铣刀两种。

(9) 具有＿＿＿＿＿锥度锥柄的铣刀，由于铣床主轴锥孔的锥度与铣刀柄部的锥度相同，所以只要把＿＿＿＿＿和＿＿＿＿＿擦拭干净后，把铣刀直接装在主轴上，用＿＿＿＿＿把铣刀紧固即可。

(10) 对于＿＿＿＿＿锥度的锥柄铣刀，铣床主轴的锥孔与铣刀的锥度不同，需要采用＿＿＿＿＿(或采用＿＿＿＿＿)过渡，＿＿＿＿＿的内孔是莫氏锥度，其外圆锥柄锥度为7∶24，即＿＿＿＿＿的锥孔与铣刀锥柄同号，而其外圆与机床主轴锥孔相同。

(11) 直柄铣刀安装在＿＿＿＿＿上。

(12) 在立式铣床上采用＿＿＿＿＿装夹直柄铣刀。

(13) 铣刀直柄放在弹簧夹头孔中，旋紧弹簧夹头＿＿＿＿＿即可夹紧刀具。

(14) 如果要换夹不同柄部尺寸的直柄铣刀，则需把夹头的＿＿＿＿＿取出，更换＿＿＿＿＿的尺寸规格，否则卸下直柄铣刀后不用取出＿＿＿＿＿。

(15) 根据生产批量的不同，对刀方法分为＿＿＿＿＿和＿＿＿＿＿。

(16) 试切前，使铣刀按照选定的转速旋转，将＿＿＿＿＿手动调整至铣刀下方，然后手动调整铣刀缓慢下降，直到轻轻擦切上＿＿＿＿＿上表面为止，此时记住铣刀的z轴坐标，再将铣刀快速升起，调整＿＿＿＿＿位置偏离铣刀正下方，降下铣刀，使铣刀在刚才z轴坐标的基础之上，再向下移动一个选定的切削余量，此时再调整＿＿＿＿＿方位，向着铣刀进给，完成整个平面的铣削任务。

(17) 试切法适用于＿＿＿＿＿生产，每件生产之前都要＿＿＿＿＿，对操作人员要求＿＿＿＿＿，对刀辅助时间＿＿＿＿＿。

2. 判断题

(1) 在立式铣床上铣曲线外形，立铣刀的直径应大于工件上最小凹圆弧的直径。(　　)

(2) 铸件毛坯的形状与零件尺寸较接近，可节省金属的消耗，减少切削加工工作量。(　　)

(3) 滚珠丝杠在工作时，滚珠作原地旋转，不会随螺母或丝杠移动。(　　)

(4) 立铣刀的端面切削刃上各点的切削速度相同。(　　)

3．选择题

(1) 后刀面与切削平面间的夹角是(　　)。

A．前角　　　　　B．后角　　　　　　　C．刃倾角　　　　　　D．副后角

(2) 当工件材料的(　　)低，导热系数大时，切削时产生的热量少，热量传导快，切削温度低。

A．强度和硬度　　B．弹性和冲击韧性　　C．塑性和强度　　　D．硬度和脆性

4．简答题

(1) 什么是试切法？

(2) 什么是调整法？

(3) 调整法与试切法有什么不同？

2.3.3　铣削变速器箱体上结合面

1．填空题

(1) 卧式铣镗床的主运动有：＿＿＿＿＿＿＿，＿＿＿＿＿＿＿ 。卧式铣镗床的进给有：＿＿＿＿＿＿、平旋盘刀具溜板的径向进给运动、＿＿＿＿＿＿、＿＿＿＿＿＿和工作台的纵向进给运动。

(2) ＿＿＿＿＿＿、＿＿＿＿＿＿和＿＿＿＿＿＿是切削用量的三要素，总称为切削用量。

(3) 铣削用量包括＿＿＿＿＿＿、＿＿＿＿＿＿和＿＿＿＿＿＿。

(4) 铣削速度 v_c，即铣刀旋转(主运动)的＿＿＿＿＿＿，单位为＿＿＿＿＿＿。

(5) 每分钟进给量 v_f 与每转进给量 f、每齿进给量 f_z 之间的关系是：_____。

(6) 吃刀量是刀具切入工件的深度，铣削中的吃刀量分为_____和_____。

(7) 在铣削加工中，一般是根据工件切削层的尺寸来选择铣刀的_____。

(8) 粗加工时，限制进给量提高的主要因素是_____，进给量主要根据_____、_____、_____以及_____的刚度来确定。在强度、刚度许可的条件下、进给量应尽量选取得_____。

(9) 精加工时，限制进给量提高的主要因素是_____。为了减少工艺系统的振动，减小已加工表面的残留面积高度，一般选取_____的进给量。

(10) 粗铣时，确定铣削速度必须考虑到_____。如果超过_____，则应适当降低铣削速度。精铣时，一方面应考虑合理的铣削速度，以抑制_____产生，提高_____；另一方面，由于刀尖磨损往往会影响_____，因此应选用_____较好的刀具材料，并应尽可能使之在最佳铣削速度范围内工作。

(11) _____是切削层公称厚度的简称，是指铣刀上相邻两个刀齿所形成的切削表面间的垂直距离，用符号_____表示。无论是周铣还是端铣，铣削时的切削层厚度都是变化的。

(12) 用铣刀圆周上的切削刃进行铣削的方法称为_____，简称为_____。

(13) 在切削部位，铣刀中心偏向工件铣削宽度一边的端铣方式称为_____。在切削部位，铣刀中心处于工件铣削宽度中心的端铣方式称为_____。

2. 判断题

(1) 当按"停止"按钮时，主轴不能立即停止或产生反转现象，应及时请机修工修理调整。（　　　）

(2) 铣削加工过程中，对加工面易硬化的材料，为了提高铣刀的使用寿命，其后角应取较小值。（　　　）

3. 选择题

(1) （　　　）一般指工件上已加工表面和待加工表面间的垂直距离。

A. 铣削速度　　　　B. 进给量　　　　C. 吃刀量　　　　D. 切削速度

(2) （　　　）是通过切削刃基点并垂直于工作平面的方向上测量的吃刀量。

A. 铣削速度　　　　B. 侧吃刀量　　　　C. 背吃刀量　　　　D. 切削速度

(3) 精加工时，限制进给量的主要因素是（　　　）。

A. 表面粗糙度　　　B. 加工精度　　　C. 工艺系统振动　　　D. 工艺系统刚度

(4) 精铣时，应考虑合理铣削速度，以抑制（　　　）的产生。

A. 积屑瘤　　　　B. 振动　　　　C. 系统变形　　　　D. 内应力

(5) 立式铣床的主轴与工作台台面的垂直度由（　　　）来保证，一般不需要调整。

A. 立柱　　　　B. 床身　　　　C. 工作台　　　　D. 定位销

(6) 将工件装夹在可倾虎钳上铣斜面的缺点是（　　　），生产效率低。

A. 铣削精度差　　　B. 装夹工件费时　　　C. 铣削刚度差　　　D. 调整困难

(7) 在成批或大量生产中，为了达到优质高产的目的，最好采用（　　　）来铣斜面。

A. 专用机床　　　　B. 专用夹具　　　　C. 组合夹具　　　　D. 可倾工作台

(8) 在 700~800℃以上高温切削时，空气中的氧与硬质合金中的碳化钨、碳化钛发生氧化作用而生成氧化物，使刀具材料因(　　)显著降低而被切屑、工件带走，造成刀具的磨损。

A．强度　　　　　B．硬度　　　　　C．弹性　　　　D．塑性

4．简答题

(1) 选择铣削用量的注意事项有哪些？

(2) 简述选择铣削用量的顺序是什么。

(3) 请对比一下顺铣与逆铣方式。

(4) 铣削时如何选择切削液？

5．标注题

在图 2-3 上标注进给速度 v_f、铣削背吃刀量 a_p、铣削侧吃刀量 a_e。

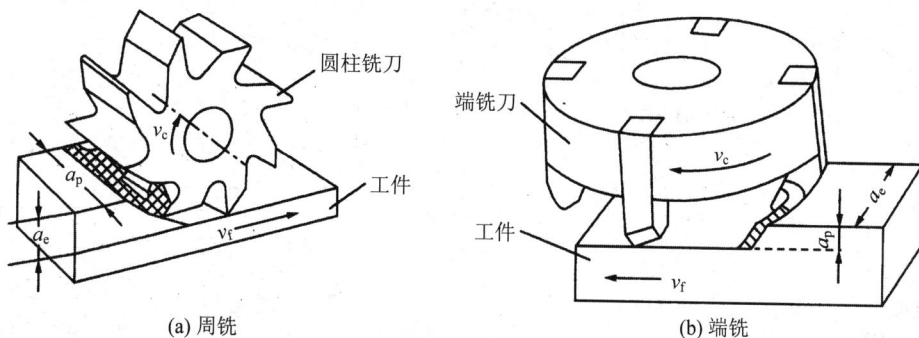

(a) 周铣　　　　　　　　　　　　(b) 端铣

图 2-3　周铣与端铣

6. 计算题

在卧铣上铣削齿数 $Z = 20$，锥角 $\delta = 45°$ 的直齿圆锥齿轮，应选择几号锥齿轮盘铣刀？($\cos 45° = 0.707$)

表 2-12 所示为铣刀号与齿数的关系。

表 2-12　铣刀号与齿数的关系

齿数范围	12～13	14～16	17～20	21～25	26～34	35～54
铣刀号数	1	2	3	4	5	6

2.4　项 目 评 价

表 2-13　项 目 评 价

班级		组别		姓名		学号	
问　题							
答题记录							
考核记录							
成　绩							

项目 3　钻削箱体孔

3.1　案　例　分　析

图 3-1 为减速器箱体，中批量生产，加工 $\phi 35_0^{+0.027}$ 通孔和 6-M5-7H 螺纹孔。

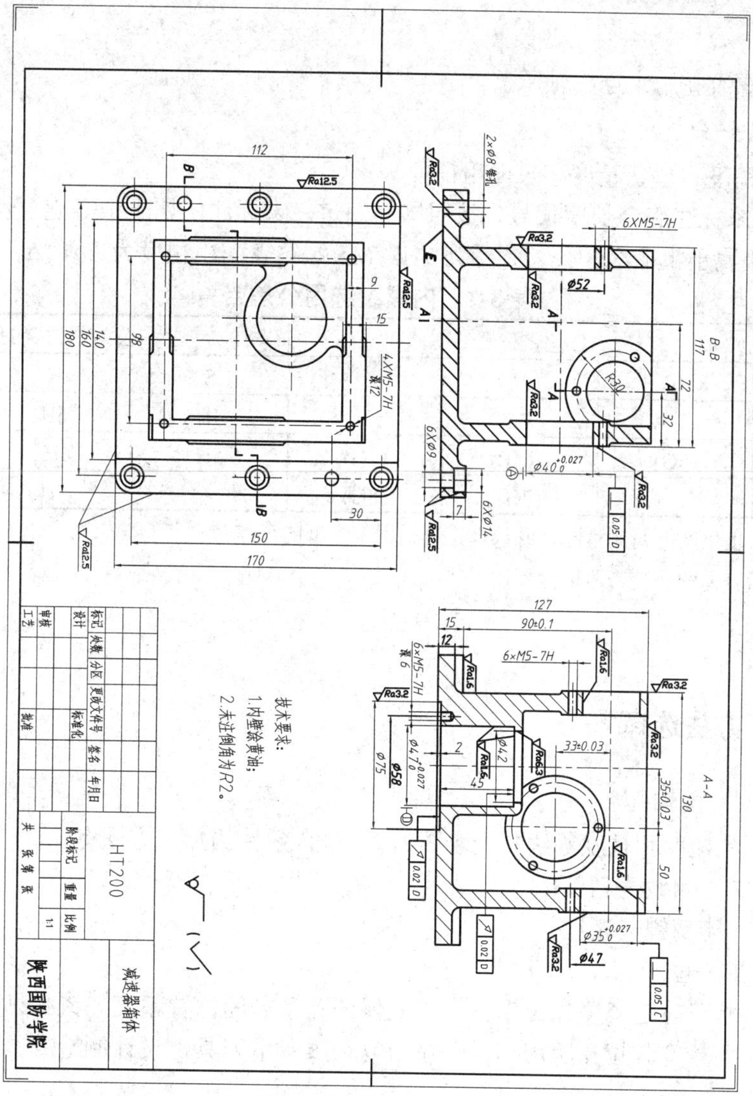

图 3-1　减速箱箱体零件图

3.1.1　加工表面分析

1. $\phi 35_0^{+0.027}$ 同轴孔

1) 功用

$\phi 35_0^{+0.027}$ 为减速器箱体上传动轴的支承孔，安装轴承、轴承盖等。

2) 技术条件分析

(1) 尺寸精度、形状精度和表面粗糙度。

$\phi 35_0^{+0.027}$ 孔表面粗糙度为 $Ra1.6$，精度等级为 IT7。

(2) 位置精度。

$\phi 35_0^{+0.027}$ 孔的中心相对与 $\phi 40_0^{+0.027}$ 孔的中心垂直度为 0.05。

2. 6-M5-7H 螺纹孔

1) 功用

6 个 M5 螺纹孔用来连接轴承盖。

2) 技术条件分析

(1) 尺寸精度、形状精度和表面粗糙度。

M5 螺纹未标注旋合长度代号，按照国标规定，未标注的属于中等旋合长度 N，查表 3-1，精度等级属于粗糙级，公差代号为 7H。M5 螺纹表面粗糙度为 $Ra12.5$。

表 3-1　内螺纹选用公差带

精度	公差带位置 G			公差带位置 H		
	S	N	L	S	N	L
精密					4H	5H	6H
中等	(5G)	(6G)	(7G)	5H	6H*	7H
粗糙		(7G)	(8G)		7H	8H

注：(1) 大量生产的精制紧固件螺纹，推荐采用带方框的公差带。

　　　(2) 括号内的公差带尽可能不用。

(2) 位置精度。

无。

3.1.2　加工方法选择

1. $\phi 35_0^{+0.027}$ 同轴孔

根据表面粗糙度和精度等级，查表 3-2，知符合条件的加工方法有：

(1) 钻—扩—粗铰—精铰；

(2) 粗镗—半精镗—精镗；

(3) 钻—扩—拉。

镗孔能够修正前道工序加工误差，并能保证孔系之间位置精度。铰孔只能提高孔的表面粗糙度和尺寸精度。拉孔所用刀具—拉刀复杂属专用刀具，设计制造成本高，适用于大批量生产。

通过分析知 $\phi 35_0^{+0.027}$ 孔与 $\phi 40_0^{+0.027}$ 孔有垂直度要求，且减速器箱体为中批量生产，毛坯在 $\phi 35_0^{+0.027}$ 处无底孔，镗孔前需钻孔，故加工方法为：钻孔—粗镗—半精镗—精镗。

2. 6-M5-7H 螺纹孔

M5 是内螺纹，常用内螺纹的加工方法有：车螺纹和攻螺纹。M5 螺纹直径较小，且减速器箱体非回转体零件，因此 M5 螺纹不适合车削。M5 螺纹孔加工方法为：钻孔—攻丝。

表 3-2　孔加工方法选择

序号	加工方法	公差等级 (IT)	表面粗糙度 $Ra/\mu m$	适用范围
1	钻	11～13	125	加工未淬火钢及铸铁和实心毛坯，也可用于加工有色金属，孔径<20 mm
2	钻—铰	8～10	1.6～6.3	
3	钻—粗铰—精铰	7～8	0.8～1.6	
4	钻—扩	10～11	12.5～6.3	加工未淬火钢及铸铁的实心毛坯，也可用于加工有色金属，孔径>20 mm
5	钻—扩—铰	8～9	3.2～1.6	
6	钻—扩—粗铰—精铰	7	1.6～0.8	
7	钻—扩—机铰—手铰	6～7	0.4～0.2	
8	钻—扩—拉(或推)	7～9	1.6～0.1	大批量生产中小零件的通孔
9	粗镗(或扩孔)	11～13	12.5～6.3	除淬火钢外各种材料，毛坯有铸出孔或锻出孔
10	粗镗(粗扩)—半精镗(精扩)	9～10	3.2～1.6	
11	粗镗(粗扩)—半精镗(精扩)—精镗(铰)	7～8	1.6～0.8	
12	粗镗(扩)—半精镗(精扩)—精镗—浮动镗刀块精镗	6～7	0.8～0.4	
13	粗镗(扩)—半精镗—磨孔	7～8	0.8～0.2	主要用于加工淬火钢，也可用于不淬火钢，但不宜用于有色金属
14	粗镗(扩)—半精镗—粗磨—精磨	6～7	0.2～0.1	
15	粗镗—半精镗—精镗—金刚镗	6～7	0.4～0.05	主要用于精度要求较高的有色金属加工
16	钻—(扩)—粗铰—精铰—珩磨 钻—(扩)—拉—珩磨 粗镗—半精镗—精镗—珩磨	6～7	0.2～0.025	精度要求很高的孔
17	以研磨代替上述方案的珩磨	5～6	0.006～0.1	

3.1.3　加工刀具选择

1. $\phi 35_0^{+0.027}$ 同轴孔

$\phi 35_0^{+0.027}$ 同轴孔的加工方法：钻孔—粗镗—半精镗—精镗，因此用麻花钻和镗刀。

1) 麻花钻的选择

类型：标准麻花钻。

材料：常用有高速钢和硬质合金，因麻花钻形状较复杂，适合用高速钢，牌号：W18Gr4V。

规格：按照工序余量确定规则，粗镗前孔的直径为 $\phi30$。查表 3-3 选择直径 $\phi30$ 的麻花钻。查表 3-4 知 $\phi30$ 麻花钻的后角 $\alpha_f = 8°$，螺旋角 $\beta = 32°$。

表 3-3　标准麻花钻直径规格　　　　　mm

0.25	1.95	4.50	7.80	10.80	14.80	18.00	21.90	26.50	32.00	37.30	42.50	47.90
0.30	2.00	4.70	7.90	10.90	14.90	18.30	22.00	26.60	32.50	37.50	42.70	48.00
0.35	2.05	4.80	8.00	11.00	15.00	18.40	22.30	26.90	32.60	37.60	42.90	48.50
0.40	2.10	4.90	8.10	11.20	15.10	18.50	22.40	27.00	32.70	37.80	43.00	48.60
0.45	2.15	5.00	8.20	11.30	15.20	18.60	22.50	27.60	32.90	37.90	43.30	48.70
0.50	2.20	5.10	8.30	11.40	15.30	18.80	22.60	27.70	33.00	38.00	43.50	48.90
0.55	2.25	5.20	8.40	11.50	15.40	18.90	22.70	27.80	33.40	38.50	43.80	49.00
0.60	2.30	5.30	8.50	11.70	15.50	19.00	22.80	27.90	33.50	38.60	44.00	49.50
0.65	2.40	5.40	8.60	11.80	15.60	19.10	22.90	28.00	33.60	38.70	44.40	49.60
0.70	2.50	5.50	8.70	11.90	15.70	19.20	23.00	28.10	33.70	38.90	44.50	49.70
0.75	2.60	5.70	8.80	12.00	15.80	19.30	23.50	28.30	33.80	39.00	44.60	49.90
0.80	2.65	5.80	8.90	12.10	15.90	19.40	23.60	28.50	33.90	39.20	44.70	50.00
0.85	2.70	5.90	9.00	12.30	16.00	19.50	23.70	28.60	34.00	39.50	44.80	50.00
0.90	2.80	6.00	9.10	12.40	16.20	19.60	23.90	28.80	34.40	39.60	44.90	51.00
0.95	2.90	6.20	9.20	12.50	16.30	19.70	24.00	29.00	34.50	39.70	45.00	52.00
1.00	3.00	6.30	9.30	12.70	16.40	19.90	24.10	29.20	34.60	39.80	45.10	53.00
1.10	3.15	6.40	9.40	12.90	16.50	20.00	24.30	29.30	34.80	39.90	45.50	54.00
1.15	3.20	6.50	9.50	13.00	16.60	20.30	24.50	29.60	35.00	40.00	45.60	55.00
1.20	3.30	6.60	9.60	13.20	16.70	20.40	24.60	30.00	35.20	40.30	45.70	56.00
1.25	3.40	6.70	9.70	13.30	16.80	20.50	24.70	30.50	35.50	40.50	45.90	57.00
1.30	3.50	6.80	9.80	13.50	16.90	20.60	24.80	30.70	35.60	40.80	46.00	58.00
1.35	3.60	6.90	9.90	13.70	17.00	20.70	24.90	30.80	35.70	41.00	46.20	60.00
1.40	3.70	7.00	10.00	13.80	17.10	20.80	25.00	30.90	35.80	41.40	46.40	62.00
1.45	3.75	7.10	10.10	13.90	17.20	20.90	25.30	31.00	35.90	41.50	46.50	65.00
1.50	3.80	7.20	10.20	14.00	17.30	21.00	25.50	31.30	36.00	41.60	46.70	68.00
1.60	3.90	7.30	10.30	14.30	17.40	21.20	25.60	31.40	36.50	41.70	46.90	70.00
1.70	4.00	7.40	10.40	14.40	17.50	21.50	25.90	31.50	36.60	41.90	47.00	72.00
1.75	4.10	7.50	10.50	14.50	17.60	21.60	26.00	31.60	36.70	42.00	47.50	75.00
1.80	4.20	7.60	10.60	14.60	17.70	21.70	26.10	31.70	36.80	42.20	47.60	78.00
1.90	4.40	7.70	10.70	14.70	17.90	21.80	26.40	31.80	37.00	42.40	47.80	80.00

表 3-4　标准麻花钻主要几何参数推荐表

钻头直径 d/mm	>1.92～2.65	>2.65～3.35	>3.35～4.75	>4.75～6.7	>6.7～8.5	>8.5～14	>14～23	>23～80
后角 α_f	20°	18°	16°	14°	14°	12°	10°	8°
螺旋角 β	25°	26°	27°	28°	29°	30°～32°		32°

2) 镗刀的选择

类型：镗刀分单刃和双刃。单刃镗刀结构简单、制造使用方便、通用性好，由于只有一个切削刃，易引起振动。双刃镗刀有两个切削刃参加切削，背向力相互抵消，不易引起振动，但安装时，镗刀块对轴线的不垂直度、不平行度与不对称度都会影响加工精度，镗刀块与镗刀杆上方孔的配合要求很高，镗刀块适用于小批量加工箱体零件的孔系，因此粗镗和半精镗使用装夹式可调单刃镗刀。浮动镗刀能自动补偿由于刀具安装误差和机床主轴偏差而造成的加工误差，结构简单、刃磨方便，比单刃镗刀效率高。因此精镗用装配式浮动镗刀。表 3-5 为精密镗刀几何参数。

材料：箱体材料为 HT200，镗刀切削部分选用 YG 类硬质合金。粗镗时切削用量大，振动大要求刀具抗弯强度好，刀具材料用 YG8。精镗时切削用量小、振动小，要保证表面加工质量，要求刀具硬度高、耐磨。刀具材料用 YG3。半精镗介于两者之间用 YG6。

表 3-5　精密镗削刀具几何参数　　　　　　　　　　　　　　　(°)

工件材料		刀具材料	几何角度($\kappa_r = 45° \sim 60°$)						刀具寿命 /km
			κ_r'	γ_o	a_o	α_o'	λ_s	r_ε	
钢	优质碳素结构钢	P01	10	−5	8	12	0	0.2	12.5
		立方氮化硼	10	−10	10	12	0	0.3	25
	合金结构钢	P01	20	−5	8	12	0	0.3	20
		立方氮化硼	10	−10	10	12	5	0.3	20
	不锈钢、耐热合金	P01	20	−5	12	15	5	0.1	11
		立方氮化硼	10	−10	10	12	5	0.3	15.5
	铸钢	P01	20	−10	12	15	10	10	0.2
		立方氮化硼	10	−10	10	12	5	0.3	12.5
	调质结构钢 (26～30HRC)	P01		−5	8	12	0	0.2	8
		立方氮化硼	10	−10	10	12	5	0.3	15
	淬火结构钢 (40～45HRC)	P01	20	−5	8	12	0	0.1	7
		立方氮化硼	10	−10	10	12	5	0.3	21
铸铁	HT100	K01	15	−3	12	12	0	0.5	18
		立方氮化硼						0.3	24
	HT150	K01	10	−6	12	12	0	0.5	21
	HT200	立方氮化硼						0.3	30

2. 6-M5-7H 螺纹孔

1) 麻花钻的选择

类型、材料选择方法及结果同 $\phi 35_0^{+0.027}$ 孔。

规格：查表 3-6 知 M5 螺纹的螺距为 0.8，内螺纹底孔直径计算公式如下：

当 $p \leqslant 1$ 时，有

$$d_0 = d - p \qquad\qquad (3\text{-}1)$$

当 $p > 1$ 时，有

$$d_0 \approx d - (1.04 - 1.08)p \qquad\qquad (3\text{-}2)$$

式中：p ——螺距(mm)；

　　　d ——螺纹公称直径(mm)；

　　　d_0 ——攻丝前钻头直径(mm)。

M5 螺纹孔的公称直径 $d = 5$ mm，螺距 $p = 0.8$ mm，代入式(3-1)计算得 $d_0 = 4.2$ mm。查表 3-3 知标准麻花钻直径有 $\phi 4.2$ mm，故麻花钻直径为 $\phi 4.2$ mm。

通常在生产应用中，也可直接查表 3-7，确定麻花钻的直径。

表 3-6　普通螺纹基本尺寸(部分)　　　　　　　　　　mm

公称直径 D、d			螺距 p	中径 D_2 或 d_2	小径 D_1 或 d_1	公称直接 D、d			螺距 P	中径 D_2 或 d_2	小径 D_1 或 d_1
第一系列	第二系列	第三系列				第一系列	第二系列	第三系列			
1			0.25①	0.838	0.729	5			0.8①	4.480	4.134
			0.2	0.870	0.783				0.5	4.675	4.459
	1.1		0.25①	0.938	0.829			5.5	0.5	5.175	4.959
			0.2	0.970	0.883	6			1①	5.350	4.917
1.2			0.25①	1.038	0.929				0.75	5.513	5.188
			0.2	1.070	0.983						
				1.070	0.983	7			1①	6.350	5.917
	1.4		0.3①	1.205	1.075				0.75	6.513	6.188
			0.2	1.270	1.183				1.25①	7.188	6.647
1.6			0.35①	1.373	1.221	8			1	7.350	6.917
			0.2	1.470	1.383				0.75	7.513	7.188
	1.8		0.35①	1.573	1.421				(1.25)①	8.188	7.647
			0.2	1.670	1.583		9		1	8.350	7.917
2			0.4①	1.740	1.567				0.75	8.513	8.188
			0.25	1.838	1.729				1.5①	9.026	8.376
	2.2		0.45①	1.908	1.713				1.25	9.188	8.647
			0.25	2.038	1.929	10			1	9.350	8.917
2.5			0.45①	2.208	2.013				0.75	9.513	9.188
			0.35	2.273	2.121				(1.5)①	10.026	9.376
3			0.5①	2.675	2.459			11	1	10.350	9.917
			0.35	2.773	2.621				0.75	10.513	10.188
	3.5		(0.6)①	3.110	2.850				1.75①	10.863	10.106
			0.35	3.273	3.121	12			1.5	11.026	10.376
4			0.7①	3.545	3.242				1.25	11.188	10.647
			0.5	3.675	3.459				1	11.350	10.917
	4.5		(0.75)①	4.013	3.688		14		2①	12.701	11.835
			0.5	4.157	3.959				1.5	13.026	12.376

注：① 为粗牙螺距，其余为细牙螺距。

说明：(1) 直径优先选用第一系列，其次第二系列，第三系列尽量不用。

(2) 括号内螺距尽可能不用。

(3) M14X1.25 仅用于火花塞，M35X1.5 仅用于滚动轴承锁紧螺母。

(4) 对直径 150～600 mm 的螺纹，需要使用螺距大于 6 mm 的螺纹时，应优先选用 8 mm 的螺距。

表 3-7 普通螺纹底孔推荐钻头直径 mm

螺纹公称直径 d	螺距 p	螺纹内经		推荐钻头直径 d_0	螺纹公称直径 d	螺距 P	螺纹内径		推荐钻头直径 d_0
		最大	最小				最大	最小	
M2	粗 0.4	1.677	1.567	1.60	M27	粗 3	23.752	23.752	23.90
	细 0.25	1.809	1.729	1.75		2	25.135	24.835	24.90
M3	粗 0.5	2.599	2.459	2.50		细 1.5	25.626	25.376	25.50
	细 0.35	2.721	3.242	2.65		1	16.188	25.918	26.00
M4	粗 0.7	3.422	3.242	3.30	M30	粗 3.5	26.631	26.211	26.30
	细 0.5	3.599	3.459	3.50		3	26.90	26.88	26.70
M5	粗 0.8	4.334	4.134	4.20		细 2	28.135	27.835	27.90
	细 0.5	4.599	4.459	4.50		1.5	28.626	28.376	28.50
						1	29.118	28.918	29.00
M6	粗 1	5.118	4.918	5.00	M33	粗 3.5	29.631	29.211	29.30
	细 0.75	5.378	5.118	5.20		细 2	31.135	30.835	30.90
M8	粗 1.25	6.647	6.647	6.70		1.5	31.626	31.376	31.50
	细 1	7.118	6.918	7.00					
	0.75	7.378	7.118	7.20	M36	粗 4	32.150	31.670	31.80
M10	粗 1.5	8.626	8.376	8.50		3 细 2	33.132	32.752	32.90
	细 1.25	8.867	8.647	8.70		1.5	34.135	33.835	33.90
	1	9.118	8.918	9.00			34.626	34. 376	34.50
	0.75	9.378	9.118	9.20					
M12	粗 1.75	10.386	10.106	10.20	M39	粗 4	35.150	34.670	34.80
	细 1.5	10.626	10.376	10.50		3	36.132	35.752	35.90
	1.25	10.867	10.647	10.70		细 2	37.135	36.835	36.90
	1	11.118	10.918	11.00		1.5	37.626	37.375	37.50
M16	粗 2	14.135	13.835	13.90	M42	粗 4.5	37.679	37.129	37.30
	细 1.5	14.626	14.376	14.50		3	39.132	38.752	38.90
	1.0	15.118	14.918	15.00		细 2	40.135	39.835	39.90
						1.5	40.626	40.376	40.50
M20	粗 2.5	17.634	17.294	17.40	M45	粗 4.5	40.679	40.129	40.30
	细 2	18.135	17.835	17.90		3	42,132	41.132	41.90
	1.5	18.626	18.376	18.50		细 2	43.135	42.835	42.90
	1	19.118	18.918	19.00		1.5	43.626	43.376	43.50
M24	粗 3	21.123	20.752	20.90	M48	粗 5	43.118	42.588	42.70
	细 2	22.135	21.835	21.90		3	45.132	44.752	44.80
	1.5	22.626	22.376	22.50		细 2	46.135	45.835	45.90
	1	23.118	22.918	23.00		1.5	46.626	46.376	46.50

英制螺纹底孔钻头直径的计算公式查表 3-8，英制螺纹底孔推荐钻头直径查表 3-9。

表 3-8 英制螺纹底孔钻头直径的计算公式

螺纹公称直径	铸铁与青铜	钢与黄铜
3/16"～5/8"	$d_0 = 25(d-1/n)$	$d_0 = 25(d-1/n) + 0.1$
3/4"～1/2"	$d_0 = 25(d-1/n)$	$d_0 = 25(d-1/n) + 0.2$

注：d_0—螺纹底孔钻头直径(mm)；

d—螺纹公称直径(in)；

n—每英寸牙数，可由表 3-7 查得。

表 3-9 英制螺纹底孔推荐钻头直径表

公称直径 /in	每英寸 牙数 n	钻头直径/mm		公称直径 /in	每英寸 牙数 n	钻头直径/mm	
		铸铁、青铜	钢、黄铜			铸铁、青铜	钢、黄铜
3/16	24	3.70	3.75	1	8	21.80	22.00
1/4	20	5.00	5.10	$1\frac{1}{8}$	7	24.50	24.70
5/16	18	6.40	6.50	$1\frac{1}{4}$	7	27.70	27.90
3/8	16	7.80	7.90	$1\frac{1}{2}$	6	33.30	33.50
7/16	14	9.10	9.20	$1\frac{5}{8}$	5	35.60	35.80
1/2	12	10.40	10.50	$1\frac{3}{4}$	5	38.90	39.00
5/8	11	13.30	13.40	$1\frac{7}{8}$	$4\frac{1}{2}$	41.40	41.50
3/4	10	16.30	16.40	2	$4\frac{1}{2}$	44.60	44.70
7/8	9	19.10	19.30				

注：表中所列的钻头直径，系经计算后修约至钻头标准直径。

2) 丝锥的选择

类型：丝锥分手用丝锥、机用丝锥、螺母丝锥和挤压丝锥。手用丝锥适用于单件小批量生产通孔、盲孔。机用丝锥适用于成批、大量生产。螺母丝锥适用于大批量生产螺母。挤压丝锥适用于塑性较好的材料，如不锈钢、铜合金和铝合金等。减速器箱体属于中批生产，故选用机用丝锥。

材料：丝锥的材料有高速钢、碳素工具钢和合金工具钢。机用丝锥比手用丝锥切削速度高，要求刀具材料耐热性好。在三种材料中，高速钢耐热性较高，故选高速钢，牌号W18Gr4V。碳素工具钢和合金工具钢适用于手用丝锥。

规格：查表 3-10 选用 5×0.8。表 3-11 为手用丝锥规格，表 3-12 为英制机用丝锥规格，表 3-13 为英制手用丝锥规格。

表 3-10 机用丝锥规格

名称型号规格	单位	总长/mm		刃长/mm	
机用丝锥		旧标	新标	旧标	新标
3×0.5	支	40	48	14	11
3×0.35	支	40	48	12	11
3.5×0.6	支	40	50	14	13
3.5×0.35	支	40	50	12	13
4×0.7	支	45	53	16	13
4×0.5	支	45	53	14	13
5×0.8	支	50	58	18	16
5×0.5	支	50	58	16	16
6×1	支	55	66	20	19
6×0.75	支	50	66	18	19
7×1	支	55	66	20	19
7×0.75	支	50	66	18	19
7×0.5	支	50	66	18	19
8×1.25	支	65	72	25	22
8×1	支	60	69	20	19
8×0.75	支	60	66	20	19
10×1.5	支	70	80	25	24
10×1.25	支	65	76	22	20
10×1	支	65	76	22	20
10×0.75	支	65	73	22	20
12×1.75	支	80	89	30	29
12×1.5	支	70	89	25	29
12×1.25	支	70	84	25	24
12×1	支	70	80	25	22
14×2	支	90	95	35	30
14×1.5	支	70	95	25	30
14×1.25	支	70	90	25	25
14×1	支	70	87	25	22
16×2	支	90	102	35	32
16×1.5	支	80	102	28	32
16×1	支	80	92	28	22
18×2.5	支	100	112	40	37
18×2	支	90	112	32	37
18×1.5	支	90	104	32	29
18×1	支	90	97	32	22
20×2.5	支	100	112	40	37

名称型号规格	单位	总长/mm		刃长/mm	
机用丝锥		旧标	新标	旧标	新标
20×2	支	90	112	32	37
20×1.5	支	91	104	32	29
20×1	支	90	102	32	22
22×2.5	支	110	118	40	38
22×2	支	90	118	32	38
22×1.5	支	90	113	32	33
22×1	支	90	109	32	24
24×3	支	120	130	45	45
M24×2	支	95	120	32	35
24×1.5	支	95	120	32	35
24×1	支	95	114	32	24
27×3	支	120	135	45	45
27×2	支	95	127	32	37
27×1.5	支	95	127	32	37
27×1	支	95	120	32	25
30×3.5	支	130	138	50	48
30×2	支	105	127	36	37
30×1.5	支	105	127	36	37
30×1	支	105	120	36	25

表 3-11　手用丝锥规格

名称型号规格	单位	主要尺寸		名称型号规格	单位	主要尺寸	
手用丝锥		总长/mm	刃长/mm	手用丝锥		总长/mm	刃长/mm
3×0.5	付	48	11	14×1.15	付	95	30
3×0.35	付	48	11	14×1.25	付	90	25
3.5×0.6	付	50	13	14×1	付	87	22
3.5×0.35	付	50	13	16×2	付	102	32
4×0.7	付	53	13	16×1.5	付	102	32
4×0.5	付	53	13	16×1	付	92	22
5×0.8	付	58	16	18×2.5	付	112	37
5×0.5	付	58	16	18×2	付	112	37
6×1	付	66	19	18×1.5	付	104	29
6×0.75	付	66	19	18×1	付	97	22
7×1	付	66	19	20×2.5	付	112	37
7×0.75	付	66	19	20×2	付	112	37
8×1.25	付	72	22	20×1.5	付	104	29

名称型号规格	单位	主要尺寸		名称型号规格	单位	主要尺寸	
手用丝锥		总长/mm	刃长/mm	手用丝锥		总长/mm	刃长/mm
8×1	付	69	19	20×1	付	102	22
8×0.75	付	66	19	22×2.5	付	118	38
10×1.5	付	80	24	22×2	付	118	36
10×1.25	付	76	20	22×1.5	付	113	33
10×1	付	76	20	22×1	付	109	24
10×0.75	付	73	20	24×3	付	130	45
12×1.75	付	89	29	24×1.5	付	120	35
12×1.5	付	89	20	24×2	付	120	35
12×1.25	付	84	24	20×1	付	114	24
12×1	付	80	22	27×3	付	135	45
14×2	付	95	30	27×1.5	付	127	37
27×2	付	127	37	27×1	付	120	25

表 3-12　英制机用丝锥规格

名称型号规格	单位	主要尺寸		名称型号规格	单位	主要尺寸	
英制机用丝锥		总长/mm	刃长/mm	美制机用丝锥		总长/mm	刃长/mm
1/4"×20	支	66	19	1/8"×40	支	48	11
5/16"×18	支	72	22	3/16"×24	支	50	16
3/8"×16	支	80	24	1/4"×20	支	66	19
7/16"×14	支	85	25	5/16"×18	支	72	22
1/2"×12	支	89	29	3/8"×16	支	80	24
9/16"×12	支	95	30	1/2"×13	支	89	29
5/8"×11	支	102	32	5/8"×11	支	102	32
3/4"×10	支	112	37	3/4"×10	支	112	37
7/8"×9	支	118	38	7/8"×9	支	118	38
1"×8	支	130	45	1"×8	支	130	45

表 3-13　英制手用丝锥规格

名称型号规格	单位	主要尺寸		名称型号规格	单位	主要尺寸	
英制手用丝锥		总长/mm	刃长/mm	英制手用丝锥		总长/mm	刃长/mm
3/16"×24	付	60.33	22.23	9/16"×12	付	91.28	42.07
1/4"×20	付	63.5	25.4	5/8"×11	付	96.84	46.04
5/16"×18	付	69.06	28.58	3/4"×10	付	107.95	50.8
3/8"×16	付	74.61	31.75	7/8"×9	付	119.06	56.36
7/16"×14	付	80.17	36.5	1"×8	付	130.18	63.5
1/2"×14	付	85.73	42.07				

3.1.4　切削用量选择

1. 钻孔切削用量

1) 钻削深度 a_p(单位为 mm)

钻孔时，有
$$a_p = \frac{D}{2} \tag{3-3}$$

扩孔时，有
$$a_p = \frac{D-d}{2} \tag{3-4}$$

式中：D——钻头直径(mm)；d——已加工孔直径(min)。

钻削 ϕ30 孔时，$D = 30$ mm 代入式(3-3)计算得，$a_p = 15$ mm。

钻削 ϕ4.2 孔时，$D = 4.2$ mm 代入式(3-3)计算得，$a_p = 2.1$ mm。

2) 钻削速度 V_c(单位：m/min)

钻削速度与钻头直径及转速有以下关系：

$$v = \frac{\pi D n}{1000} \tag{3-5}$$

式中：D——钻头直径(mm)；n——钻头的转速(r/min)。

钻削 ϕ30mm 孔，因减速器箱体材料为 HT200，查表 3-14，知 v_c 取 20～25 m/min。查表 3-15 已知：标准麻花钻，直径大于 20 mm，切削速度 v_c 可取 21 m/min 和 23 m/min，因钻孔为粗加工，为提高加工效率，切削速度取 23 m/min。

表 3-16 为高速钢钻头钻削碳钢、合金钢时切削速度及进给量。

表 3-14　钻孔切削速度推荐值

加工材料	低碳钢	中高碳钢	合金钢不锈钢	铸铁	铝合金	铜合金
切削速度 m/min	25～30	20～25	15～20	20～25	10～70	20～40

钻削 ϕ4.2 mm 孔，查表 3-15，标准麻花钻，直径小于 8 mm，切削速度 v_c 可取 20 m/min、22 m/min 和 25 m/min，因钻头直径小，强度较弱，切削速度取中间值 22 m/min。

说明：用查表法确定的切削速度值，用式(3-5)反推转速，并与机床转速表进行比较，选取接近或者相等的转速，并进行微调。

3) 进给量 f，单位：mm/r

普通麻花钻进给量可按式(3-6)估算，合理修磨的麻花钻进给量按式(3-7)计算。直径小于 3～5 mm 的麻花钻，常用手动进给。

$$f = (0.01-0.02)d \tag{3-6}$$
$$f = 0.03d \tag{3-7}$$

钻削 ϕ4.2 mm 孔时，手动进给。

钻削 ϕ30 mm 孔时，由式(3-6)和式(3-7)计算知，进给量 f 的范围为 0.3～0.9 mm/r。减速器箱体材料为 HT200，灰铸铁的硬度和抗拉强度之间存在一定的对应关系，其经验关系式如下：

当 $\sigma_b \geqslant 196\,\mathrm{MPa}$ 时，有

$$HB = RH(100 + 0.438\sigma_b) \tag{3-8}$$

当 $\sigma_b < 196\,\mathrm{MPa}$ 时，有

$$HB = RH(44 + 0.724\sigma_b) \tag{3-9}$$

式中，相对硬度(RH)值主要由原材料、熔化工艺、热处理工艺以及铸件的冷却速度所确定。当 RH = 1、$\sigma_b = 200$ 时，代入式(3-8)计算得硬度 HB = 187.6，又知钻削速度为 23 m/min，查表 3-15 知，$f = 0.7$ mm/r。

注意：通过查表确定的切削用量值，批量加工前需要进行"试切、验证"，如果不合适，按照切削用量选择原则，进行调整。

表 3-15　高速钢钻头钻削灰铸铁时的切削速度及进给量

铸铁硬度 HB		进给量 f/(mm/r)											
140～152		0.20	0.24	0.30	0.40	0.53	0.70	0.95	1.3	1.7			
153～166		0.16	0.20	0.24	0.30	0.40	0.53	0.70	0.95	1.3	1.7		
167～181		0.13	0.16	0.20	0.24	0.30	0.40	0.53	0.70	0.95	1.3	1.7	
182～199			0.13	0.16	0.20	0.24	0.30	0.40	0.53	0.70	0.95	1.3	1.7
200～217				0.13	0.16	0.20	0.24	0.30	0.40	0.53	0.70	0.95	1.3	1.7
218～240					0.13	0.16	0.20	0.24	0.30	0.40	0.53	0.70	0.95	1.3
钻头刃磨形式	钻头直径 d_0/mm	切削速度 v_c(m/min)											
修磨锋角及横刃	≤20	55	54	48	43	38	34	30	27	24	21	19	17	15
	>20	55	55	55	50	44	39	35	31	27.5	24.5	22	19.5	17
标准麻花钻	≤3.2	40	35	31	28	25	22	20	17.5	15.5	14	12.5	11	9.5
	≤8	45	40	35	31	28	25	22	20	17.5	15.5	14	12.5	11
	≤20	51	45	40	35	31	28	25	22	20	17.5	15.5	14	12.5
	>20	55	53	47	42	37	33	29.5	26	23	21	18	16	14.5

表 3-16　高速钢钻头钻削碳钢、合金钢时切削速度及进给量

钢材的切削性能	进给量 f/(mm/r)											
	0.20	0.27	0.36	0.49	0.66	0.88						
	0.16	0.20	0.27	0.36	0.49	0.66	0.88					
	0.13	0.16	0.20	0.27	0.36	0.49	0.66	0.88				
	0.11	0.13	0.16	0.20	0.27	0.36	0.49	0.66	0.88			
好	0.09	0.11	0.13	0.16	0.20	0.27	0.36	0.49	0.66	0.88		
↓		0.09	0.11	0.13	0.16	0.20	0.27	0.36	0.49	0.66	0.88	
差			0.09	0.11	0.13	0.16	0.20	0.27	0.36	0.49	0.66	0.88	
				0.09	0.11	0.13	0.16	0.20	0.27	0.36	0.49	0.66	0.88
					0.09	0.11	0.13	0.16	0.20	0.27	0.36	0.49	0.66
						0.09	0.11	0.13	0.16	0.20	0.27	0.36	0.49

续表

钻头刃磨形式	钻头直径 d_0/mm	切削速度 v_c(m/min)													
修磨锋角及横刃	≤20	55	55	50	43	37	32	27.5	24	20.5	17.7	15	13	11	9.5
	≤30	55	55	55	50	43	37	32	27.5	24	20.5	17.7	15	13	11
	≤60	55	55	55	55	50	43	37	32	27.5	24	20.5	17.7	15	13
标准麻花钻	≤4.6	43	37	32	27.5	24	20.5	17.7	15	13	11	9.5	8.2	7	6
	≤9.6	50	43	37	32	27.5	24	20.5	17.7	15	13	11	9.5	8.2	7
	≤20	55	50	43	37	32	27.5	24	20.5	17.7	15	13	11	9.5	8.2
	≤30	55	55	50	43	37	32	27.5	24	20.5	17.7	15	13	11	9.5
	≤60	55	55	55	50	43	37	32	27.5	24	20.5	17.7	15	13	11

注：钢材的切削性能一般是指：硬度(强度)从低至高为切削性能从好至差；韧性从差至好为切削性能从好至差。

2. 攻丝切削用量

表 3-17 为机用丝锥攻螺纹的切削速度表。

表 3-17　机用丝锥攻螺纹的切削速度表

丝锥直径 /mm	螺纹螺距/mm						
	0.5	0.75	1.0	1.25	1.5	2	3
3～6	6	7	8				
8～10		8	9	9	10		
12～16			10	10	11	11	
18～24			11		13	13	12
≥26			12		14	13	13

注：表中丝锥直径与螺距的交点即为切削速度，查得数值还需根据工件材料乘以下列修正系数：

(1) 30-50 钢，正火状态取 1.0，调质状态取 0.85；

(2) 08 钢、10 钢、15 钢、20 钢均取 0.75；

(3) 普通合金钢，正火状态取 0.9，调质状态取 0.7；

(4) 灰铸铁、青铜取 0.8，可锻铸铁取 1.0，黄铜、铝合金取 1.2～1.3。

3. 镗孔切削用量

表 3-18 为铸铁的精密镗削用量，表 3-19 为钢的精密镗削用量，表 3-20 为卧式镗床的镗削用量。

表 3-18　铸铁的精密镗削用量

工件材料	刀具材料	v/(m/min)	f/(mm/r)	a_p(mm)	加工表面粗糙度 Ra/μm
HT100	YG3X	80～160	0.04～0.08	0.4～0.3	6.3～3.2
	立方氮化硼	160～200	0.04～0.06	0.05～0.3	3.2
HT150 HT200	YG3X	100～160	0.04～0.08		
	立方氮化硼	300～350	0.04～0.06		3.2～1.6
HT150 HT200	YG3X	120～150			
	立方氮化硼	300～350			1.6
HT300 HT250	YG3X	120～150	0.03～0.06	0.1～0.3	6.3～3.2
	立方氮化硼	500～550			3.2
KTZ450-05 KTZ600-03	YG3X	120～160			
	立方氮化硼	500～550			3.2～1.6
高强度铸铁	YG3X	120～160	0.04～0.08		
	立方氮化硼	500～550	0.04～0.08		1.6

表 3-19　钢的精密镗销用量

工件材料	刀具材料	v/(m/min)	f/(mm/r)	a_p/mm	加工表面粗糙度 Ra/μm
优质碳素结构钢	YT30	100～180	0.04～0.08		3.2～1.6
	立方氮化硼	550～600	0.04～0.06	0.1～0.3	1.6～0.8
合金结构钢	YT30	120～180	0.04～0.08		0.8
	立方氮化硼	450～500	0.04～0.06		0.8
不锈钢、耐热合金	YT30	80～120	0.02～0.04	0.1～0.2	1.6～0.8
	立方氮化硼	200～220			0.8
铸钢	YT30	100～160	0.02～0.06		3.2～1.6
	立方氮化硼	200～230		0.1～0.3	1.5
调质结构钢 (HRC26～30)	YT30	120～180	0.04～0.08		3.2～0.8
	立方氮化硼	350～400	0.04～0.06		1.6～0.8
淬火结构钢 (HRC40～45)	YT30	70～150	0.02～0.05	0.1～0.2	1.6
	立方氮化硼	300～350	0.02～0.04		1.6～0.8

表 3-20　卧式镗床的镗削用量(v 的单位为 m/min，f 的单位为 mm/r)

加工方式	刀具材料	刀具类型	铸铁		钢(包括铸钢)		铜、铝及其合金		直径
			v	f	v	f	v	f	
粗镗	高速钢	刀头	20~35	0.3~1.0	20~40	0.3~1.0	100~150	0.4~1.5	5~8
		镗刀块	25~40	0.3~0.8			120~150	0.4~1.5	
	硬质合金	刀头	40~80	0.3~1.0	40~60	0.3~1.0	200~250	0.4~1.5	
		镗刀块	35~60	0.3~0.8			200~250	0.4~1.5	
半精镗	高速钢	刀头	25~40	0.2~0.4	30~50	0.2~0.8	150~200	0.2~1.0	1.5~3
		镗刀块	30~40	0.2~0.6			150~200	0.2~1.0	
		粗铰刀	15~25	2.0~5.0	10~20	0.5~3.0	30~50	2.0~5.0	0.3~0.8
	硬质合金	刀头	60~100	0.2~0.8	80~120	0.2~0.8	250~300	0.2~0.8	1.5~3
		镗刀块	50~80	0.2~0.6			250~300	0.2~0.6	
		精铰刀	30~50	3.0~5.0			80~120	3.0~5.0	0.3~0.8
精镗	高速钢	刀头	15~30	0.15~0.5	20~35	0.1~0.6	150~200	0.2~1.0	0.6~1.2
		镗刀块	8~15	1.0~4.0	6.0~12	1.0~4.0	20~30	1.0~4.0	
		精铰刀	10~20	2.0~5.0	10~20	0.5~3.0	30~50	2.0~5.0	0.1~0.4
	硬质合金	刀头	50~80	0.15~0.5	60~100	0.15~0.5	200~250	0.15~0.5	0.6~1.2
		镗刀块	20~40	1.0~4.0	8.0~20	1.0~40	30~50	1.0~4.0	
		精铰刀	30~50	2.5~5.0			50~100	2.0~5.0	0.1~0.4

注：(1) 镗杆以镗套支承时，v 取中间值；镗杆悬伸时，v 取小值。

(2) 当加工孔径较大时，a_p 取大值；加工孔径较小，且加工精度要求较高时，a_p 取小值。

4. 铰孔切削用量

铰削速度和进给量选择时，应在保证质量的前提下提高加工效率，表 3-21 为高速钢铰刀铰孔时的切削用量，高速钢机用铰刀直径公差见表 3-22。

表 3-21　高速钢铰刀铰孔时的切削用量(v 的单位为 m/min，f 的单位为 mm/r)

铰刀直径 d_0 /mm	低碳钢 120~200HBS		低合金钢 120~200HBS		高合金钢 120~200HBS		软铸铁 120~200HBS		中硬铸铁 120~200HBS		硬铸铁 120~200HBS	
	f	v	f	v	f	v	f	v	f	v	f	v
6	0.13	23	0.10	18	0.10	7.5	0.15	30.5	0.15	26	0.15	21
9	0.18	23	0.18	18	0.15	7.5	0.2	30.5	0.2	26	0.2	21
12	0.2	27	0.2	21	0.18	9	0.25	36.5	0.25	29	0.25	24
15	0.25	27	0.25	21	0.2	9	0.30	36.5	0.30	29	0.30	24
19	0.30	27	0.30	21	0.25	9	0.38	36.5	0.38	29	0.36	24
22	0.33	27	0.33	21	0.25	9	0.43	36.5	0.43	29	0.41	24
25	0.51	27	0.38	21	0.30	9	0.51	36.5	0.51	29	0.41	24

续表

铰刀直径 d_0 /mm	可锻铸铁		铸造黄铜及青铜		铸造铝合金及锌合金		塑料		不锈钢		钛合金	
	f	v	f	v	f	v	f	v	f	v	f	v
6	0.10	17	0.13	46	0.15	43	0.13	21	0.05	7.5	0.15	9
9	0.13	20	0.18	46	0.2	43	0.18	21	0.1	7.5	0.2	9
12	0.2	20	0.23	52	0.25	49	0.20	24	0.15	9	0.25	12
15	0.25	20	0.30	52	0.30	49	0.25	24	0.2	9	0.25	12
19	0.30	20	0.41	52	0.38	49	0.30	24	0.25	11	0.30	18
22	0.33	20	0.43	52	0.43	49	0.33	24	0.3	12	0.38	18
25	0.38	20	0.51	52	0.51	49	0.51	24	0.36	14	0.51	

表 3-22 高速钢机用铰刀直径公差表

铰刀公称直径 d_0 /mm	被铰孔的精度等级	孔公差 Δ μm	铰刀制造公差 σ / μm	最大扩张量 P_{max} / μm
>10～18	H7	19	8	4
	H9	35	12	9
	H10	70	18	17
>18～30	H7	23	9	5
	H9	45	16	11
	H10	84	21	21
>30～50	H7	27	11	5
	H9	50	17	12
	H10	100	25	25

3.2 项 目 实 施

3.2.1 分析零件图，拟定孔加工方案，选用孔加工刀具

任务内容

(1) 分析零件图。

(2) 选择加工方法和设备。

(3) 选择加工刀具。

表 3-23　项目 3.2.1

班级		组别		姓名		学号	
目　的							
资　讯							
计　划							
决　策							

1. 分析零件图

(1) $\phi35_0^{+0.027}$ 和 M5 两种孔的用途？

(2) M5 螺纹孔的螺距是多少？

(3) 填下表。

	表面粗糙度	尺寸精度	位置精度	其他要求
M5				
$\phi35_0^{+0.027}$				

2. 选择加工方法和设备

(1) $\phi35_0^{+0.027}$ 孔的加工方法选择及依据。

(2) 6-M5 螺纹孔加工方法选择及依据。

(3) $\phi35_0^{+0.027}$ 孔和 6-M5 孔的加工设备选择及依据。

（左侧行标签）实　施

班级		组别		姓名		学号	
实　施	3. 选择加工刀具 (1) 从类型、规格材料三方面选择刀具，填下表。 <table><tr><td>M5</td><td>类型</td><td>规格</td><td>材料</td></tr><tr><td>钻</td><td></td><td></td><td></td></tr><tr><td>攻丝</td><td></td><td></td><td></td></tr><tr><td>$\phi35^{+0.027}_{0}$</td><td>类型</td><td>规格</td><td>材料</td></tr><tr><td>钻</td><td></td><td></td><td></td></tr><tr><td>粗镗</td><td></td><td></td><td></td></tr><tr><td>半精镗</td><td></td><td></td><td></td></tr><tr><td>精镗</td><td></td><td></td><td></td></tr></table> (2) 选择的依据。							
检查、 教师 评价							

3.2.2　安装孔加工刀具、操作机床并对刀

任务内容

(1) 孔加工刀具安装。

(2) 调整机床并对刀。

表 3-24　　　项目 3.2.2

班级		组别		姓名		学号	
目　的							
资　讯							
计　划							
决　策							
实　施	**1. 孔加工刀具安装** (1) 麻花钻(ϕ30，ϕ4.2)在 Z3040 摇臂钻床上的安装步骤及注意事项。 (2) M5 机用丝锥在 Z3040 上的安装步骤及注意事项。 (3) 单刃镗刀在卧式镗床(T68)上的安装步骤及注意事项。 **2. 机床操作并对刀** 1) 机床操作 (1) 摇臂钻床(Z3040)的组成及每一部分的用途。						

班级		组别		姓名		学号	
实　施	(2) 卧式镗床(T68)的组成及每一部分的用途。 2) 对刀 (1) 在钻床上钻孔如何对刀(单件小批量生产、成批生产两种情况)。 (2) 在镗床上镗孔如何对刀(单件小批量生产、成批生产两种情况)。							
检查、教师评价							

3.2.3　钻削箱体孔

任务内容

(1) 选择钻削用量及切削液。

(2) 刃磨麻花钻。

(3) 钻孔加工。

表 3-25　项目 3.2.3

班级		组别			姓名			学号	
目　的									
资　讯									
计　划									
决　策									

实　施

1. 选择钻削用量及切削液

(1) 钻 ϕ 4.2 孔和 ϕ 30 孔，请选择切削用量及切削液，并填下表。

	钻削速度 v_c	进给量 f	背吃刀量 a_p		切削液
钻 ϕ 4.2				钻孔	
钻 ϕ 30				攻丝	

(2) 选择依据。

2. 刃磨麻花钻

(1) 标准麻花钻的刃磨要求。

(2) 标准麻花钻的刃磨步骤及注意事项。

3. 钻孔加工

钻孔时的注意事项。

检查、教师评价	

3.3　拓 展 训 练

3.3.1　分析零件图，拟定孔加工方案，选用孔加工刀具

1. 填空题

(1) 麻花钻由_____、_____和_____三部分组成。

(2) 锪钻用于加工_____、_____和_____等。

(3) 铰刀是由_____、_____、和_____组成。

(4) 圆板牙的基本结构是一个_____，端面上做出排屑孔而形成切削刃。

(5) 铰刀按使用方式可分为_____铰刀和_____铰刀；按结构分为_____铰刀和_____铰刀；按铰孔形状分为_____铰刀和_____铰刀。

(6) 拉削孔时孔的长度一般不超过孔径的_____倍。

(7) 小直径麻花钻用圆柱柄，直径在_____mm 以上的均做成莫氏锥柄。

(8) 右旋铰刀切削时切屑向后排出，适用于加工_____孔，左旋铰刀切削时切屑向前排出，适用于加工_____孔。

(9) 双刃镗刀有_____和_____两种。

(10) 拉刀按被加工表面部位不同可分为_____和_____。

(11) 拉削方式主要分为_____、_____和_____三种。

(12) 麻花钻一般用_____制成。由于高速钢的发展_____的钻头也得到了广泛的应用。

2. 判断题

(1) 硬质合金浮动镗刀能修正前道工序造成的孔位置误差。(　　)

(2) 铰孔能提高孔的尺寸精度及降低表面粗糙度值，还能修正孔心线的偏斜及位置误差。(　　)

(3) 拉刀是定尺寸、高精度、高生产率专用刀具，制造成本很高，所以，拉削加工只适用于批量生产铰刀校准部分的作用是导向、校准、修光。(　　)

(4) 镗刀是用来对已有较大的孔、孔系进行再加工的工具。(　　)

(5) 丝锥的本质是带有纵向容屑槽的螺栓。(　　)

(6) 麻花钻的刃带用于保持孔形尺寸和钻头进给时的导向。(　　)

(7) 铰孔时铰刀不能倒转，否则，切屑会卡在孔壁和切削刃之间，划伤孔壁或使切削刃崩裂。(　　)

(8) 拉刀校准部分的刀齿起修光与校准的作用。(　　)

(9) 铰锥孔时，由于加工余量大，锥铰刀一般制成 2-3 把一套，其中一把是精铰刀，其余是粗铰刀。(　　)

(10) 铰刀最前边的 45°倒角目的将铰刀引入孔中，起保护切削刃的作用。(　　)

(11) 麻花钻，增大螺旋角使前角增大，有利排屑，使切削轻快。(   )

3．识图题

(1) 如图 3-2 所示，请将各部分的名称写出来。

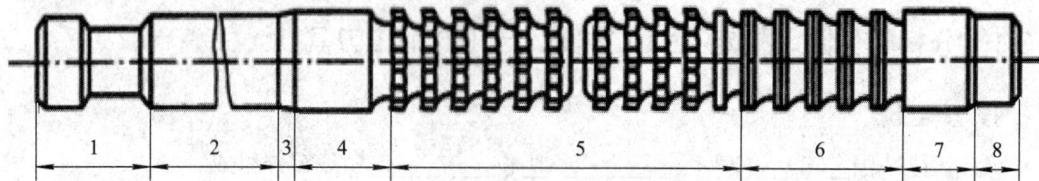

图 3-2　圆孔拉刀

1_____　　2_____　　3_____　　4_____

5_____　　6_____　　7_____　　8_____

(2) 如图 3-3 所示，请将各部分的名称写出来。

1_____　　　　2_____　　　　3_____

4_____　　　　　5_____

(3) 如图 3-4 所示，请将各部分的名称写出来。

1_____　　2_____　　3_____　　4_____

5_____　　6_____　　7_____　　8_____

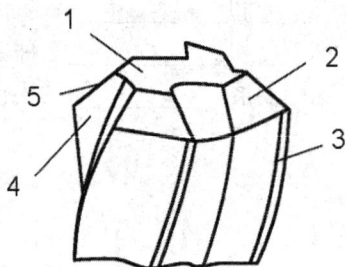

图 3-3　扩孔钻

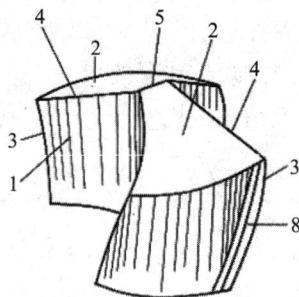

图 3-4　麻花钻

4．简答题

(1) 麻花钻的结构参数有哪些？

(2) 扩孔钻与麻花钻相比，有哪些特点？

(3) 麻花钻常用修磨方法有哪些？

(4) 固定式双刃镗刀和浮动式双刃镗刀的区别？

3.3.2　安装孔加工刀具、操作机床并对刀

1．填空题

(1) 卧式铣镗床的主运动有_____，_____。卧式铣镗床的进给运动有_____、平旋盘刀具溜板的径向进给运动、_____、_____和工作台的纵向进给运动。

(2) 钻床的主要类型有_____，_____，_____及专门化钻床等。

(3) 钻床可以完成_____、_____、_____、_____和_____等工作。

2．判断题

(1) 镗内孔时，镗刀尖安装偏低，抗振性较好。（　　）

(2) 镗削加工只能镗削单孔和孔系。（　　）

(3) 浮动镗刀镗孔加工质量好，易于控制，广泛应用在生产上，它不仅能镗削整圆的

通孔，还能镗削不通孔、阶梯孔和不完整圆的孔。　（　　　）

(4) 对生产批量大，精度要求高的工件宜采用划线找正定位法。　（　　　）

(5) 用镗刀镗孔可以纠正钻孔、扩孔而产生的孔德各类误差。　（　　　）

3．选择题

(1) 将镗刀安装在镗刀杆上后，一般其工作前角增大，工作后角(　　　)，刃磨时应将镗刀后角磨去 2°。

A．增大　　　　　　　　B．减小　　　　　　　　C．不变

(2) 为了减少外圆镗刀在切削过程中径向切削力引起的振动，一般采用(　　　)以上的主偏角。

A．45°　　　　　　　　B．60°　　　　　　　　C．90°

(3) 在大批大量生产中，为了提高劳动生产率，对高精度的同轴孔系常采用(　　　)的镗削加工方法。

A．单刀单刃　　　　　B．单刀多刃　　　　　C．多刀多刃

(4) 在镗床上镗孔，(　　　)将直接影响镗孔表面的表面粗糙度，影响镗刀的寿命，从而对孔的形状精度产生影响。

A．切削速度　　　　　B．进给量　　　　　　C．镗刀的几何角度

4．识图题

如图 3-5 所示，请将各部分的名称写出来，并简述其工作原理。

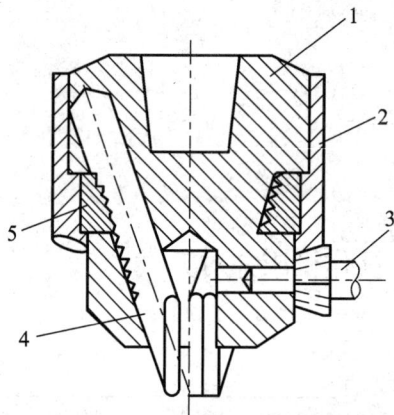

图 3-5　钻夹头

1 ＿＿＿＿＿＿＿　　2 ＿＿＿＿＿＿＿　　3 ＿＿＿＿＿＿＿

4 ＿＿＿＿＿＿＿　　5 ＿＿＿＿＿＿＿

工作原理：

5．简答题

结合图3-6 简述镗削通孔和盲孔时，刀具在镗刀杆上安装有什么区别？

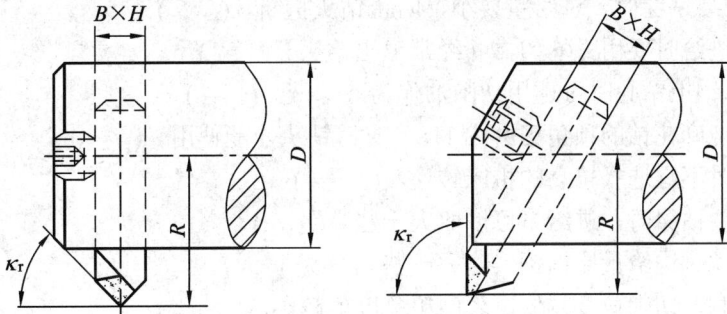

图 3-6   单刃镗刀

3.3.3   钻削箱体孔

1．填空题

(1) 在钻削加工中_____、_____、和_____是三大突出而又必须重点解决的问题。

(2) 在钻床上钻孔，单件小批生产或加工要求低的工件常用_____法安装，大批量钻孔或工件位置精度要求较高时，宜用_____安装工件钻孔。

(3) 在实心工件上钻孔时，背吃刀量是钻头直径的_____。

(4) 当钻的孔尺寸精度较高，表面粗糙度值较小时，切削用量应取_____。

(5) 在镗削铸件时，切削速度一般应比镗削钢件要_____。

(6) 修磨麻花钻横刃的目的是在保持钻尖强度的前提下，增大钻尖部分的_____、缩短_____长度，以降低金给力，提高钻尖定心能力。

(7) 钻孔时，孔的直径在_____以下时，一般采用手动进给。

(8) 铰削用量包括_____、_____、和_____。

(9) 钻孔时进给量 f 为 0.8 mm/r，则每齿进给量是_____。

(10) 普通麻花钻进给量可按经验公式 $f=$_____d 估算。

(11) 麻花钻刃磨时，一般只刃磨两个_____，但同时要保证_____、_____和_____正确。

2．判断题

(1) 镗削要素主要是指切削速度和进给量。   (   )

(2) 实践证明，镗削速度对刀具的使用寿命影响最大。   (   )

(3) 粗镗时，镗削速度 v 不宜选的过大，过大反而会使镗刀磨损。   (   )

(4) 修磨主切削刃的目的是改变刃形或顶角，以增大前角、控制分屑断屑。   (   )

(5) 钻头两切削刃长短不一致可造成加工的孔呈多角形。   (   )

(6) 钻削直径为 60 mm 的孔，可用麻花钻一次钻削加工完成。   (   )

(7) 钻孔前一般都先用中心钻钻出锥坑，目的是起导向定位作用。　（　　）

(8) 钻削钢料时必须浇注充分的切削液，使钻头冷却，钻削铸件时可不用切削液。（　　）

(9) 钻孔快要钻穿时，进给量要小，防止钻头折断。（　　）

(10) 钻削进给时要用力均匀，并经常退出钻头。（　　）

(11) 在 45 钢上钻孔时可选用切削油作为冷却液。（　　）

(12) 只有把麻花钻的顶角刃磨成 118° 时，钻头才能使用。（　　）

(13) 钻孔时不宜选择较高的机床转速。（　　）

(14) 孔将要钻穿时，进给量可以取大一些。（　　）

(15) 钻铸铁时进给量比钻钢料略大一些。（　　）

(16) 铰削时，切削速度越低，表面粗糙度值越小。（　　）

(17) 铰孔前，孔的表面粗糙度 Ra 值要小于 6.3 μm。（　　）

3. 简答题

(1) 标准麻花钻的缺陷有哪些？

(2) 简述钻孔切削用量的选择原则有哪些？

4．计算题

(1) 已知工件材料为 45 钢，钻直径为 10 mm 的孔，选择切削速度为 31.4 m/min，进给量为 0.1 mm/r，试求 2 min 后钻孔的深度为多少？

(2) 用 $\phi15$ 的麻花钻钻孔，工件材料为 45 钢，若钻床主轴转速为 450 r/min，求背吃刀量和切削速度。

3.4　项目评价

表 3-26　项目评价

班级		组别		姓名		学号	
问　题							
答题记录							
考核记录							
成　绩							

项目 4　滚削圆柱齿轮

4.1　案例分析

图 4-1 为齿轮，中批量生产，加工齿面。

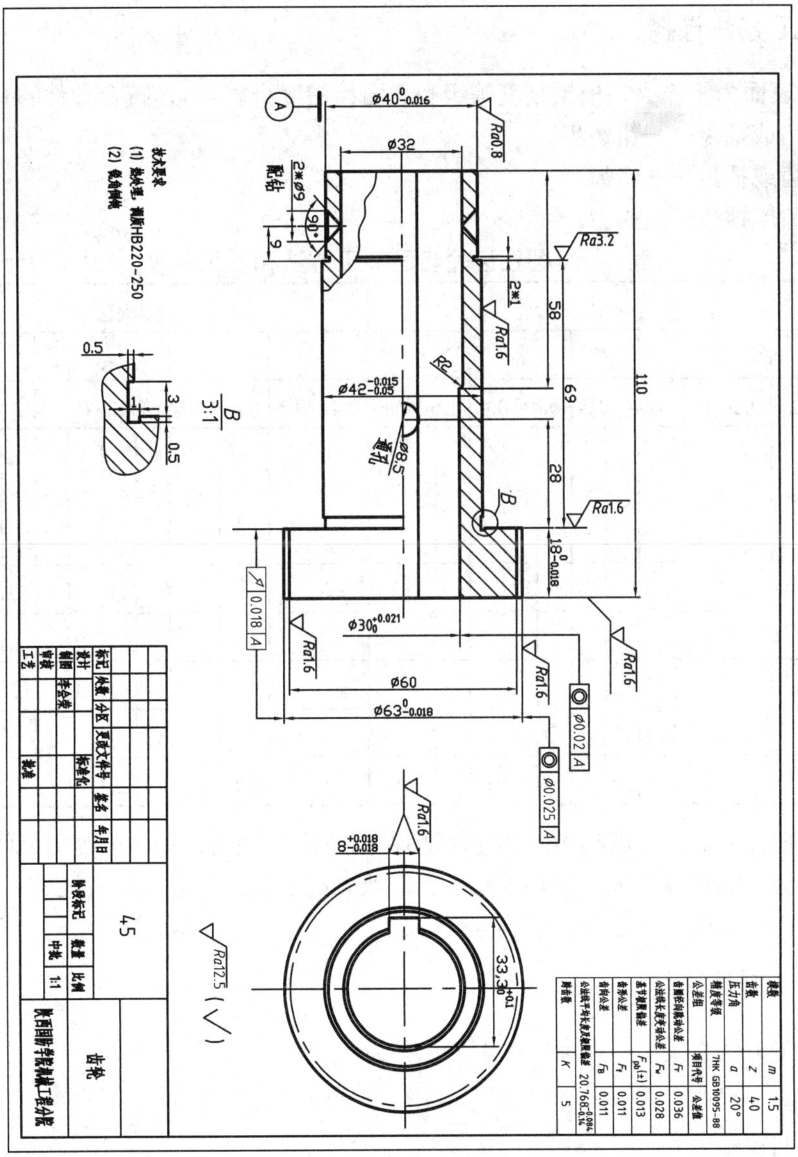

图 4-1　齿轮零件图

4.1.1　加工表面分析

1．功用

该零件为齿轮，其功用是按照一定的传动比传递运动和动力。

2．技术条件分析

1) 尺寸精度、形状精度和表面粗糙度

从零件图参数表知，该齿轮精度等级为 7HK，齿面粗糙度为 $Ra1.6$。

2) 位置精度

齿顶圆 $\phi63^{0}_{-0.018}$ 相对于 $\phi40^{0}_{-0.016}$ 外圆的同轴度要求为 $\phi0.025$。

4.1.2　加工方法选择

该齿形表面为不淬火，根据精度等级和表面粗糙度查表 4-1，符合条件的有：

(1) 滚齿或插齿——粗磨齿。

(2) 滚齿或插齿——挤齿。

(3) 滚齿或插齿——剃齿。

表 4-1　圆柱齿轮齿面加工方法和加工精度

类型	不淬火齿轮					淬火齿轮				
精度等级	3	4	5	6	7	3～4	5	6		7
粗糙度 Ra/μm	0.2～0.1	0.4～0.2	0.8～0.4	1.6～0.8		0.4～0.1	0.4～0.2	0.8～0.4		1.6～0.8
滚齿 或插 齿	○	○ ○ ○	○ ○ ○	○ ○ ○		○	○	○	○ ○ ○ ○	○ ○ ○ ○ ○
剃齿			○	○	○		○	○	○	
挤齿				○	○			○	○	
珩齿								○ ○	○ ○ ○	
粗磨齿	○	○ ○	○ ○ ○ ○			○	○	○	○	○
精磨齿	○	○ ○ ○				○	○	○		

滚齿和插齿的加工精度相当，但滚齿效率高于插齿。剃齿适用于未淬火齿面的精加工，效率远高于磨齿。挤齿为无切屑加工新工艺，效率高于剃齿，适用于大批量生产。该齿轮为中批量生产，故加工方法为：滚齿—剃齿。

4.1.3　加工刀具选择

齿面加工方法为滚齿—剃齿，以滚刀选择为例。

1．类型和材料

整体式高速钢滚刀。

2．精度等级

已知被加工齿轮精度等级为 7 级，查表 4-2，知滚刀精度等级为 AA 级。

表 4-2　滚刀精度等级

精度等级	被加工齿轮精度
AAA	6
AA	7
A	8
B	9
C	10

3．齿形参数

滚齿加工原理是模拟一对螺旋齿轮啮合，齿轮啮合的基本条件是模数、压力角一致。故滚刀模数 $m = 1.5$，压力角 $a = 20°$。

4．结构参数

查表 4-3 知滚刀外径 70 mm、总长 70 mm、孔径 32 mm、槽数 16。

表 4-3　齿轮滚刀尺寸

模数系列 1	模数系列 2	I型 外径 d_{a0}	I型 总长 L	I型 孔径 d	I型 轴台外径 D_1	I型 轴台长度 L_1	I型 槽数 z_k	II型 外径 d_{a0}	II型 总长 L	II型 孔径 d	II型 轴台外径 D_1	II型 轴台长度 L_1	II型 槽数 z_k
1		60	60	27	45	4	16	50	40	22	35	4	12
1.25													
1.5		70	70		50			55	45				
	1.75								50				
2		80	80	32				65	60	27	43		10
	2.25								65				
2.5		90	90		60			70	70				
	2.75												
3		100	100	40			14	80	80				
	3.25												
3.5								85	85		50		
	3.75							90	90				
4		110	110		70					32		5	
	4.5							95	95				
5		125	125		75	5		100	100		54		
	5.5												
6		140	140	50	80		12	105	105				
	6.5							110	110		58		
	7							115	115				
8		180	180	60	90			125	125		60		9
	9							140	140	40	70		
10		200	200					150	150				8

4.1.4 切削用量选择

以滚齿为例，选择切削用量。

1. 走刀次数和背吃刀量

齿轮模数为 1.5，查表 4-4 知，走刀 1 次切至全齿深。

表 4-4　滚齿走刀次数

模数/mm	走刀次数	应留余量/mm
≤3	1	切至全齿深
>3～8	2	留精切余量 0.5～1
>8	3	第一次切去 1.4～1.6 m；第二次留精切余量 0.5～1

2. 进给量

假设该齿轮在 Y3150E 滚齿机上加工，查表 4-5 知机床组别为 II。该齿轮模数为 1.5，查表 4-6，与模数 1.5 最接近的是 2.5，按照 2.5 进给量为 3～4 mm/r，滚齿作为粗加工，主要考虑提高效率，故进给量取 4 mm/r。

表 4-8 为滚刀精加工进给量。

表 4-5　根据机床刚性的立式滚齿机分组

机床组别	主电动机功率/KW	最大加工模数/mm	滚齿机型号
I	1.5～2.8	4～6	YBA3120、YB3112、Y38
II	3-4	5-8	Y3150、Y3150E、Y38-1、YM3150E
III	5-7	10-12	Y3180H、Y3180、YMA3180
IV	10-14	15-17	YM31125E
V	15-22	22-30	Y31315A、Y3612、Y31500A

表 4-6　滚刀粗加工进给量　　　　mm/r

机床组别	加工模数/mm							
	2.5	4	6	8	12	16	22	26
I	2～3	1.5～2	—	—	—	—	—	—
II	3～4	2～3	1.5～2.5	1.5～2	—	—	—	—
III	4～5	3～4	2.5～3.5	2～2.5	1.5～2	—	—	—
IV		4～5	3.5～4.5	3～4	2.5～3	2～2.5	—	—
V			4.5～5	4～4.5	3.5～4	3～3.5	2～3	1.5～2

注：1. 当被加工齿轮夹紧刚性较弱时，进给量应取最小值。

　　2. 当用变形滚刀在刚性好的机床上加工时，进给量应乘以系数 1.5～1.8。

　　3. 当工件条件改变时，表中数值应乘以修正系数，见表 4-7。

表 4-7　修正系数表

被加工齿轮材料硬度			被加工齿轮螺旋角							
HBS	<220	<320	螺旋角/(°)	0	<30	<45	滚刀头数	1	2	3
修正系数	1.0	0.7	修正系数	1.0	0.8	0.65	修正系数	1.0	0.7	0.5

表 4-8　滚刀精加工进给量　　　　　　　　　　mm/r

R_z/μm	模数/mm	
	<12	>12
不大于 80	2～3	3～4
不大于 40	1～2	1.5～2.5
不大于 20	0.5～1	—

注：齿轮的精切应在机床—工件—滚刀系统刚性好的设备上进行，要求保证被加工齿轮夹紧可靠，无振动；滚刀(或刃磨)精度好，侧刃上无缺口、划痕和其他缺陷；滚刀安装在机床上的跳动应不大于 0.01 mm。

3. 切削速度

齿轮模数为 1.5，进给量为 4 mm/r，查表 4-9，模数接近 2-4，故切削速度为 35 m/min。

表 4-9　高速钢标准滚刀粗切轮齿时的切削速度

(被加工材料：碳钢，190HB)　　　　　　m/min

模数/mm	进给量 f_a/(mm/r)						
	0.5	1.0	1.5	2.0	3.0	4.0	5.0
2 3 4	85	60	50	43	34	30	27
5 6	75	53	44	38	30	27	23
8 10	60 59	43 42	35	30	24	22	—
12	58	41	31	29	23	21	
16 20	49 48	35 34	29	25	20	—	
24	45	30	24	20			
30	35	25	20	—			

注：切削速度：$v = v' \cdot kv1 \cdot kv2 \cdot kv3 \cdot kv4 \cdot kv5$ 式中，v' 为表中切削速度；kv1、kv2、kv3、kv4、kv5 为修正系数，可由表 4-10、表 4-11、表 4-12、表 4-13、表 4-14 查得。

表 4-10　被加工材料的机械性能

HB	160	190	220	250	300
σ_b/GPa	0.55～0.60	0.65～0.70	0.75～0.80	0.85～0.90	1.0～1.1
kv1	1.25	1.0	0.8	0.7	0.4

表 4-11　被加工材料的化学性能

材料	碳钢　(35、45 钢等)	低合金钢(20Cr、20CrMnTi 等)	灰铸铁
kv2	1	0.9	0.8

表 4-12　实际耐用度 T_c 与表中耐用度 T 的比值

T_c/T	0.25	0.5	1.0	2.0	3.0
kv2	1.6	1.25	1.0	0.8	0.7

表 4-13　滚 刀 头 数

滚刀头数	1	2	3
kv4	1	0.75	0.65

表 4-14　加 工 类 型

加工类型	粗切	半精切	精切
kv5	1	1.2	1.4

4.2　项 目 实 施

4.2.1　分析零件图，拟定齿面加工方法及顺序

任务内容

(1) 分析齿轮零件图。

(2) 选择齿面加工方法。

表 4-15　项目 4.2.1

班级		组别		姓名		学号	
目　　的							
资　　讯							

班级		组别		姓名		学号	
计　划							
决　策							

实　施	1.　**分析齿轮零件图** （1）该齿轮的材料。 (2) 该齿轮的生产类型。 (3) 齿面部分的表面粗糙度及精度要求。 (4) 解释齿轮零件图中 7HK 的含义。 2.　**选择齿面加工方法** (1) 列举常用齿面粗加工方法(展成法)，并比较各自优缺点。 (2) 列举常用齿面半精加工及精加工方法(展成法)并比较各自优缺点。 (3) 该齿轮齿面加工方法选择结果及依据。

检查、教师 评价	

4.2.2　选用滚刀、安装滚刀并对刀

任务内容

(1) 选用滚刀。

(2) 安装滚刀。

(3) 滚齿机对刀。

表 4-16　项目 4.2.2

班级		组别		姓名		学号	
目　的							
资　讯							
计　划							
决　策							

班级		组别		姓名		学号	
实　施	**1. 选用滚刀** 从类型、精度等级、材料、结构参数四方面选择滚刀，并阐述选择依据。 **2. 安装滚刀** (1) 滚齿机的组成及每一部分的用途。 (2) 滚刀安装步骤及注意事项。 (3) 滚刀安装角的确定。 **3. 滚齿机对刀** (1) 选用哪种方法对刀？ (2) 对刀过程及注意事项。						
检查、教 师评价							

4.2.3　滚削圆柱齿轮

任务内容

(1) 齿坯装夹。

(2) 滚齿切削用量及切削液选择。

(3) 滚齿加工。

表 4-17　项目 4.2.3

班级		组别		姓名		学号	
目　的							
资　讯							
计　划							
决　策							

班级			组别		姓名		学号	

| 实　施 | 1.　齿坯装夹
（1）齿坯定位方式有哪些，各自的适用场合。

（2）齿坯如何夹紧。

（3）该齿轮的齿坯选择哪种定位方式。

2.　滚齿切削用量及切削液选择
（1）切削用量选择。

（2）切削液选择。

3.　滚齿加工注意事项
分析在滚齿过程中的注意事项。

 |
| 检查、教
师评价 | |

4.3　拓 展 训 练

4.3.1　分析零件图，拟定齿面加工方法及顺序

1. 填空题

(1) 滚齿的主运动是＿＿＿＿的旋转，进给运动包括＿＿＿＿的转动和滚刀沿工件轴线的移动。

(2) 齿轮因其在机器中的功用不同而结构各异，但总是由＿＿＿＿和＿＿＿＿组成。

(3) 齿轮共分＿＿＿＿个精度等级。其中＿＿＿＿级是高精度，＿＿＿＿级为中等精度，＿＿＿＿级为低精度。

(4) 齿面的切削加工，按加工原理不同可分为＿＿＿＿和＿＿＿＿两大类。

(5) 中批生产，加工带有台肩的齿轮以及空刀槽很窄的双联或多联齿轮，只能用＿＿＿＿。

(6) 加工无空刀槽的人字齿轮，只能用＿＿＿＿。

(7) 剃齿的主运动是＿＿＿＿，轴向进给运动是＿＿＿＿进给，径向进给运动是＿＿＿＿。

(8) 剃齿加工精度一般为＿＿＿＿级，表面粗糙度 Ra 为＿＿＿＿，用于＿＿＿＿的精加工。

(9) 插齿时，为保证插齿刀与工件正确的啮合关系，应具备＿＿＿＿运动，为了避免刀具擦伤已加工的齿面，应具备＿＿＿＿运动。

(10) 给下列齿轮选择用展成法粗加工齿面的方法：螺旋齿轮选用＿＿＿＿；双联小齿轮选用＿＿＿＿；内齿轮选用＿＿＿＿；蜗轮选用＿＿＿＿。

(11) 珩齿余量很小，约为＿＿＿＿，且多为一次切除，生产率很高，一般珩磨一个齿轮只需＿＿＿＿左右。

(12) 挤齿是用＿＿＿＿与＿＿＿＿按无侧隙啮合的方式对滚，以精加工齿轮的齿面。

2. 判断题

(1) 滚齿既可加工直齿和斜齿圆柱齿轮，也可加工蜗轮。　　(　　)

(2) 成形法铣削齿轮需经常调整切削深度，辅助时间长，因此生产率低。　　(　　)

(3) 齿面的插削与滚削同样具有高精度、高生产率。　　(　　)

(4) 内齿轮可用滚齿加工，齿条应使用铣齿加工。　　(　　)

(5) 影响齿轮传动准确性的主要原因是在加工中滚刀和被切齿轮的相对位置和相对运动发生了变化。　　(　　)

4.3.2　选用滚刀、安装滚刀并对刀

1. 填空题

(1) 齿轮铣刀分＿＿＿＿和＿＿＿＿两种。

(2) 用盘形齿轮铣刀加工斜齿轮，$mn = 3$ mm，$Z = 28$，$b = 20°$，刀号_____。

(3) 加工斜齿轮时，铣刀刀号要根据斜齿圆柱齿轮法平面的_____来选择。

(4) 插齿刀的基本参数是_____、_____、_____。

(5) 用滚刀加工斜齿轮，$mn = 3$ mm，$Z = 28$，$b = 20°$，齿轮滚刀外径_____、孔径_____、长度_____。

(6) 盘状齿轮铣刀加工 $m <$_____的齿轮，指状铣刀加工 $m >$_____的齿轮。

(7) AA 级插齿刀加工____级精度的齿轮，A 级加工_____级齿轮，B 级加工_____级齿轮。

(8) 直齿插齿刀按加工模数范围、齿轮形状不同分为_____、_____、_____三种。

(9) 滚刀精度有 AA 级、_____级、_____级和 C 级可分别加工出 6～7 级，_____、_____、9～10 级齿轮。

(10) 滚刀按结构分为_____、_____、_____三种。

(11) 剃齿刀按其结构可以分为_____、_____、_____、_____。

(12) 安装角是保持_____与_____齿向一致。

(13) 对刀的目的是保证滚刀一个齿或一个齿槽的对称中心线与____中心线在同一直线上。

(14) 滚齿机对刀方法有_____、_____、_____三种。

(15) 每种刀号的齿轮铣刀的齿形是按加工齿数范围中最_____的齿数设计。

(16) 单线滚刀实质上可以看成是一个齿数为 1 的_____。

(17) 滚刀装到刀轴上需校正两边凸台的_____跳动，尽可能使其同步。

2. 判断题

(1) 滚切直齿圆柱齿轮时，滚刀必须有一定的安装角度，其倾斜方向视所用滚刀的螺旋方向而定。（　　）

(2) 采用展成法，一把刀具可以加工相同模数的不同齿数的齿轮。（　　）

(3) 珩磨轮实际是一个齿轮，它采用钢材为轮坯，外径环槽上套上由塑料材料浇注而成的齿圈。（　　）

(4) 齿轮滚刀实际上一个变位螺旋齿轮。（　　）

(5) 滚刀的安装好坏影响着滚刀径向、轴向跳动，最终影响切齿精度。（　　）

(6) 滚刀轴向窜刀的目的是使每个刀齿的磨损均匀，延长滚刀的寿命。（　　）

(7) 滚刀安装时，要检查刀杆与滚刀的配合，以用手能将滚刀推入刀杆为准。（　　）

(8) 同一模数的齿轮滚刀可制成不同直径，滚刀直径越大分度圆直径越大。（　　）

(9) 滚刀头数的增加会影响被切齿轮的精度和齿形的多边形误差。（　　）

(10) 当工件与滚刀螺旋方向相同时，螺旋角应相加。（　　）

3. 简答题

(1) 用盘形齿轮铣刀加工直、斜齿轮时，刀号如何选择？

(2) 齿轮滚刀有哪些主要结构参数？如何选择？

(3) 插齿刀有哪些主要结构参数？如何选择？

4. 计算题

(1) 用螺旋升角为 5° 的右旋滚刀加工右旋斜齿轮，螺旋角为 14°，计算滚刀的安装角。

(2) 用螺旋升角为 5° 的左旋滚刀加工右旋斜齿轮，螺旋角为 14°，计算滚刀的安装角。

4.3.3　滚削圆柱齿轮

1. 填空题

(1) Y3150E 滚齿机最大加工直径_____，最大加工模数_____，最大加工齿宽_____。

(2) 按照被加工齿轮种类不同，齿轮加工机床可分为_____和_____两大类。

(3) 滚齿机的_____对滚刀寿命的影响很大。

(4) 粗加工齿轮采用较小的切削速度，较大的_____。

(5) 切削速度高时，进给量_____，则加工面表面粗糙度越小。

(6) 齿坯的夹紧必须牢固、可靠，但夹紧力不应过大，以防造成_____。

(7) 安装齿坯时，必须将工件的基准面贴于夹具的定位端面，其间不得_____。

(8) 齿坯安装前必须先检查_____及齿坯定位面。

2. 判断题

(1) 在滚齿加工中，粗滚齿一般使用逆滚，精滚齿一般采用顺滚。(　　)

(2) 滚切时，首件加工一般不一次切至全齿高，要留有一定的余量以便检查。(　　)

(3) 粗加工齿轮采用较低的切削速度，较大的进给量。精度高模数小、工件材料较硬的齿轮采用较高的切削速度、小进给量。(　　)

(4) 齿坯精度对齿轮齿部的加工精度无影响。(　　)

(5) 切削用量选择太大会造成齿面出现鱼鳞。(　　)

(6) 滚齿齿形不对称，主要原因是滚刀安装不对中。(　　)

3. 简答题

(1) 滚齿加工切削用量有哪些？选择原则是什么？

(2) 滚齿加工用切削油有哪些种类？列举几种，并标明价格。

4.4　项　目　评　价

表 4-18　项目评价

班级		组别		姓名		学号	
问　题							
答题记录							
考核记录							
成　绩							

项目5　钻削枪管孔

5.1　案　例　分　析

图 5-1 为枪管类零件，加工 $\phi 8$ 的孔，属于深孔加工，加工质量要求高。

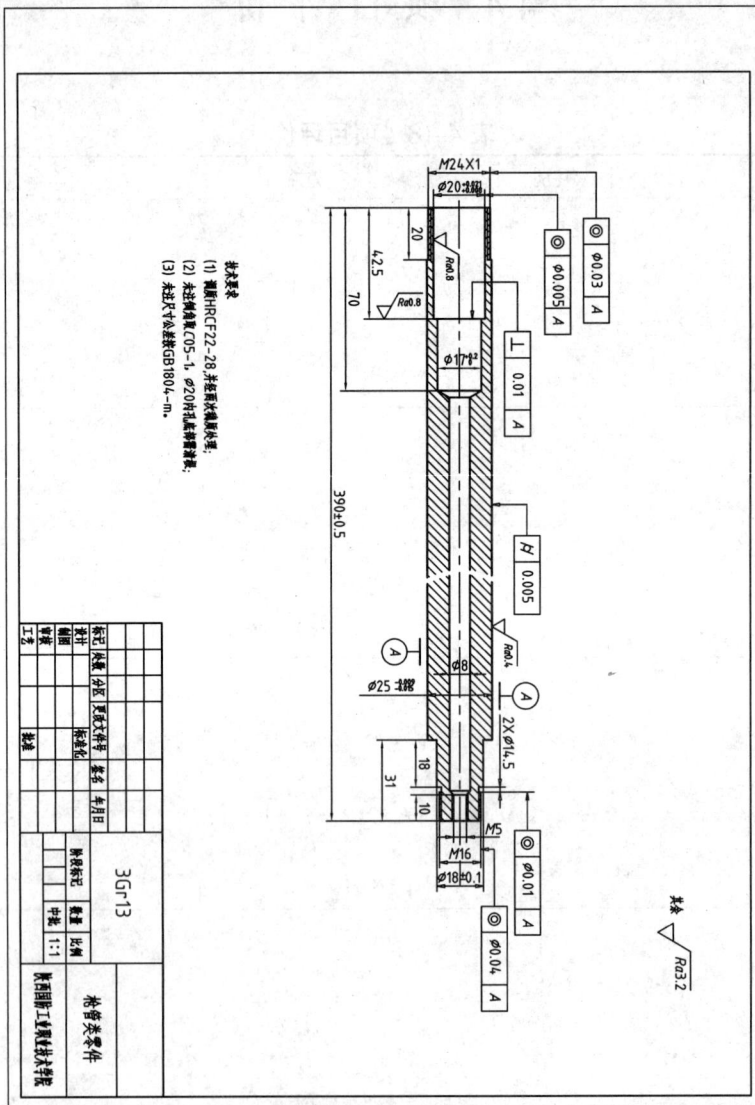

图 5-1　枪管类零件图

5.1.1　加工表面分析

1. 功用

ϕ8 孔为枪管类零件图上深孔，枪管孔是子弹爆发后的气体推动弹头喷出的通道。

2. 技术条件分析

(1) 尺寸精度、形状精度和表面粗糙度。

ϕ8 孔表面粗糙度为 Ra3.2，精度等级为 IT10。

(2) 位置精度。

无。

5.1.2　加工方法选择

ϕ8 孔的长度为 380，长径比大于 10，该孔属于深孔加工。根据深孔的加工特点，各种深孔加工系统的工艺范围如下：

1) 枪钻系统

枪钻系统主要适用于直径 3～20 mm 的小孔加工，长径比可超过 100，孔的加工精度可达 IT8～IT10，加工表面粗糙度 Ra3.2～0.8 μm，孔的直线度也比较好。

2) BTA 系统

BTA 系统主要用来加工直径为 20 mm 以上、长径比小于 100 的深孔，加工出的孔的精度为 IT7～IT9，加工深孔的表面粗糙度小于 Ra3.2 μm。

3) 喷吸钻系统

利用喷吸钻系统加工的深孔表面粗糙度为 Ra3.2～0.8 μm，精度等级为 IT7～IT10，孔的直径为 ϕ16～ϕ65 mm，长径比一般为 16～50。

4) 其他深孔钻

DF 喷吸钻系统与 BTA 喷吸钻相似，其喷吸方式增加了排屑量，从而使刀具性能可得到充分发挥。利用套料钻加工的深孔，其主要加工直径大于 60 mm 的孔，深度可达十几米。

5.1.3　加工刀具选择

1. 枪钻的选择

枪钻主要由切削部分和钻杆组成，二者一般是焊接而成。钻杆外径约小于钻头外径 0.5～1 mm。

材料：切削部分常用的材料有高速钢和硬质合金，因被加工对象的材料为 3Cr13，其切削变形大、切削力大、切削温度高、刀具磨损快、加工硬化使加工孔的精度和粗糙度变差，因此，切削部分的材料选择 YG 类硬质合金，牌号：YG8。

钻尖形状：枪钻钻尖的形状是影响深孔加工质量的重要因素，钻尖刃磨不合理有可能导致崩刃或钻杆弯曲等现象。常见的枪钻钻尖形式可按表 5-1 选取。

表 5-1　枪钻钻尖形式

形式	简图	特点及用途	形式	简图	特点及用途
a	65°~70°　60°~65°　D/4	斜刃基本型,适于加工一般结构钢深孔	e	"C"刀片宽度的1/4　45°　0.4~0.8　-2°~4°	改进Ⅱ型,改善切入时定心,避免切除时因弹性变形而产生崩刃,并可碎屑和提高孔壁质量
b	65°~70°　0.2D　0.15D　60°　0.8	阶梯型,适用于 D≥10 mm 的钻头	f	"C"刀片宽度的1/4　30°~45°　-2°~4°	折线刃型,保持了 d、e 型优点又可降低孔壁表面粗糙度,适于钻高强度钢
c	65°~70°　D3/8　86°~92°　45°	层叠型,适用于层叠板材的深加工	g	45°　60°　D/4　60°	双冷却孔型深孔钻,适于钻韧性高的材料, φ6.5~φ48 mm 孔
d	60°~65°　D/3　60°　10°	改进型,改善中心处切削条件,定心性更好,适于钻中硬钢			

2. 喷吸钻钻的选择

喷吸钻是一种内排屑的深孔钻,常做成硬质合金错齿结构,由喷吸头、内管和外管等三部分组成。

材料:深孔材料为 3Cr13,喷吸钻切削部分选用 YG 类硬质合金,牌号为 YG8。

结构:喷吸钻与一般内排屑深孔钻在外形上相似,其主要区别是在于有内钻管。根据国家标准 GB/T 14332-1993 推荐的直径为 18.4~65 mm。其尺寸如图 5-2 和表 5-2,钻杆连接部分尺寸如图 5-3、图 5-4 和表 5-3 所示。

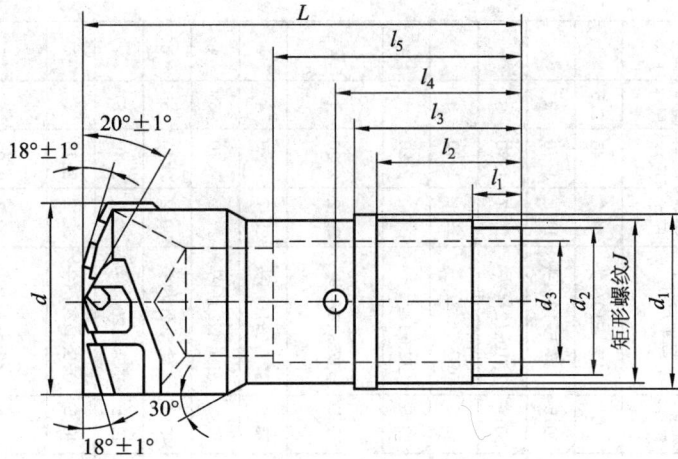

图 5-2　喷吸钻标准结构

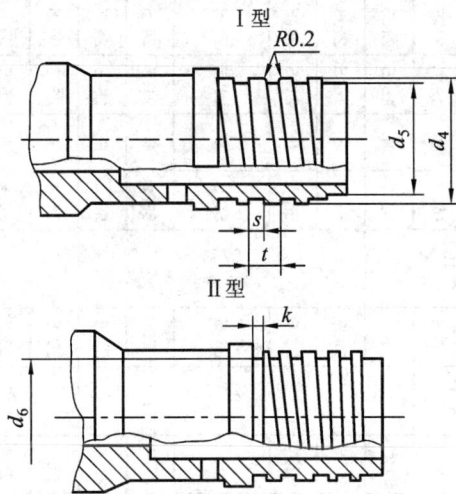

图 5-3　喷吸钻螺纹连接的两种形式

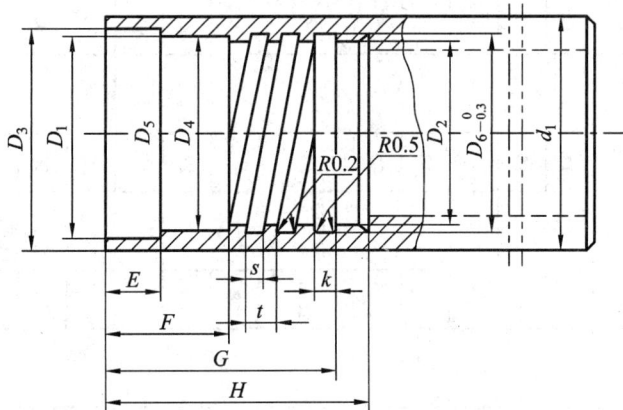

图 5-4　喷吸钻连接杆

表 5-2　喷吸钻尺寸

mm

d 基本尺寸 >	d 基本尺寸 ~	d 极限偏差	d1 基本尺寸	d1 极限偏差	d2 基本尺寸	d2 极限偏差	d3 基本尺寸	d3 极限偏差	d4 基本尺寸	d4 极限偏差	d5 基本尺寸	d5 极限偏差	d 基本尺寸	l1	l2	l3	l4	l5	矩形螺纹 J 基本尺寸	d6 基本尺寸	s 基本尺寸	t 基本尺寸	k 基本尺寸
18.4	20	0 / −0.013	16	0 / −0.027	14	0 / −0.027	12	+0.07 / 0	15.5	0 / −0.07	14.5	−0.150 / −0.33	52.2	6	18.5	21.5	23	28	J15.4×10/4头	14.2	1.45	2.5	—
20	21.8		18		16		14		17.5		16.5		52.7	6	18.5	21.5	23.5	30.5	J17.5×12/4头	16.2	1.70	3	—
21.8	24.1		19.5	0 / −0.033	17.5		15		19	0 / −0.084	18		52.7	6	18.5	21.5	23.5	30.5	J19×12/4头	17.7	1.70	3	—
24.1	26.4		21		19	0 / −0.033	16		20.5		19.5	−0.16 / −0.37	53.7	6	18.5	21.5	23.5	30.5	J20.5×12/4头	19.2	1.70	3	—
26.4	28.7		23.5		21		18	+0.084 / 0	23		21.5		56.7	6	21.5	24.5	26.5	33.5	J23×16/4头	21.2	2.20	4	4
28.7	30		25.5		23		20		25		23.5		59.2	6	21.5	24.5	26.5	33.5	J25×16/4头	23.2	2.20	4	4
30	31																						
31	33.3	0 / −0.016	28		25.5		22		27.4		26		59.2	7	21.5	24.5	26.5	33.5	J27.5×16/4头	25.7	2.20	4	4
33.3	36.2		30		27		24		29.4		27.5		66.4	7	26.5	30.5	33	40.5	J29.4×20/4头	27.2	2.70	5	4
36.2	39.6		33	0 / −0.039	30		26		32.4	0 / −0.1	30.5	−0.17 / −0.43	69.4	7	26.5	30.5	33	40.5	J32.4×20/4头	30.2	2.70	5	4
39.6	43		36		33	0 / −0.039	29		35.4		33.5		71.3	7	26.5	30.5	33	40.5	J35.4×20/4头	33.2	2.70	5	4
43	47		39		36		32	+0.1 / 0	38		36.5		75.3	7	26.5	30.5	33	40.5	J38.4×20/4头	36.2	2.70	5	4
47	50		43		39.5		35		42.4		40			7	30.5	34.5	37	44.5	J42.4×24/4头	39.7	3.20	6	5
50	51.7																						
51.7	56.2	0 / −0.019	47		43.5		39		46.4		44		78.3	7	30.5	34.5	37	44.5	J46.4×24/4头	43.7	3.20	6	5
56.2	65		51	0 / −0.046	47.5		43		50.4	0 / −0.12	48	−0.18 / −0.43	80.3	7	30.5	34.5	37	44.5	J50.4×24/4头	47.7	3.20	6	5

表 5-3　喷吸钻连接部分尺寸

mm

喷吸钻直径 d >	喷吸钻直径 d ≤	d_1 基本尺寸	D_1 基本尺寸	D_1 极限偏差	D_2 基本尺寸	D_2 极限偏差	D_3 基本尺寸	D_3 极限偏差	D_4 基本尺寸	D_4 极限偏差	D_5 基本尺寸	D_5 极限偏差	D_6 基本尺寸	E 基本尺寸	F 基本尺寸	G 基本尺寸	H 基本尺寸	矩形螺纹 J 基本尺寸	s 基本尺寸	t 基本尺寸	k 基本尺寸
18.4	20.0	18	16	+0.018 / 0	14	+0.018 / 0	16.5	+0.18 / 0	15.5	+0.33 / +0.15	14.5	+0.11 / 0	16	6	13	23.5	27.5	J15.4x10/4头	1.45	2.5	–
20.0	21.8	19.5	18		16		18.4		17.5		16.5		18	8.5	15.5	26	30	J17.5x12/4头	1.70	3	–
21.8	24.1	21.5	19.5		17.5		20.2		19		18		19.5	8.5	15.5	26	30	J19x12/4头	1.70	3	–
24.1	26.4	23.5	21	+0.021 / 0	19	+0.021 / 0	21.7		20.5		19.5	+0.13 / 0	21	8.5	15.5	26	30	J20.5x12/4头	1.70	3	–
26.4	28.7	26	23.5		21		24.5	+0.21 / 0	23	+0.37 / +0.16	21.5		23.5	8.5	16	29	33	J23x16/4头	2.20	4	4
28.7	31.0	28	25.5		23		26.5		25		23.5		25.5	8.5	16	29	33	J25x16/4头	2.20	4	4
31.0	33.3	30	28		25.5		29		27.5		26		28	9.5	16	29	33	J27.5x16/4头	2.20	4	4
33.3	36.2	33	30		27		31	+0.25 / 0	29.4	+0.42 / +0.17	27.5	+0.16 / 0	30	9.5	19	35	40	J29.4x20/4头	2.70	5	4
36.2	39.6	35.5	33	+0.025 / 0	30	+0.025 / 0	34		32.4		30.5		33	9.5	19	35	40	J32.4x20/4头	2.70	5	4
39.6	43.0	39	36		33		37		35.4	+0.43 / +0.18	33.5		36	9.5	19	35	40	J35.4x20/4头	2.70	5	4
43.0	47.0	42.5	39		36		40		38.4		36.5		39	9.5	19	35	40	J38.4x20/4头	2.70	5	4
47.0	51.7	46.5	43		39.5		44.5	+0.30 / 0	42.4		40		43	9.5	20	39	44	J42.4x24/4头	3.20	6	5
51.7	56.2	51	47		43.5		48.5		46.4	+0.49 / +0.19	44		47	9.5	20	39	44	J46.4x24/4头	3.20	6	5
56.2	65.0	55.5	51		47.5		52.5		50.4		48		51	9.5	20	39	44	J50.4x24/4头	3.20	6	5

5.1.4　切削用量选择

1. 切削速度 v_c(单位：N/min)

枪钻刀头的转速转速主要取决于所加工的材料和钻头直径，根据表 5-4 可以查出切削速度然后根据选取的钻头直径大小计算出转速。

表 5-4　切 削 速 度 表

材　料	硬度/N·mm^{-2}	切削速度/m·min^{-1}							
低碳钢和易切削钢	$\delta_B < 700$					•	•		•
调质钢	$\delta_B < 900$				•	•	•		
调质钢	$\delta_B < 1100$			•	•	•			
表面淬火钢	$\delta_B < 700$				•	•	•		
表面淬火钢	$\delta_B < 700$			•	•	•			
渗碳钢	$\delta_B < 1100$			•	•	•			
铁素体不锈钢				•	•				
奥氏体不锈钢				•	•				
以 Ni – Co – Te 为基的高温合金		•	•	•					
铸　铁					•	•			
GGG、GGL、GTS	HB < 900				•	•	•		
铝合金							•	•	•
		20　30　40　50　60　70　80　90　100							

2. 进给量 f，单位：mm/r

进给量的选择取决于钻头直径和加工材料，选取进给量时，如图 5-5 所示，根据所加工的材料和钻头直径查出每转的进给量，可得到进给量值。

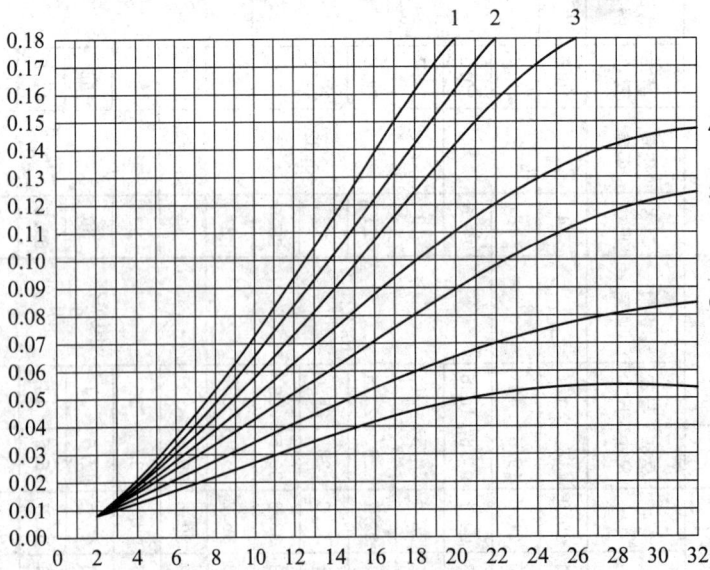

图 5-5　枪钻进给图

5.2 项 目 实 施

任务内容

(1) 枪管孔零件图的分析。

(2) 钻削枪管孔。

表 5-5 项目 5.2.1

班级		组别		姓名		学号	
目　的							
资　讯							
计　划							
决　策							

班级		组别		姓名		学号	
实　施	1.　**分析零件图** (1) 深孔加工的特点。 (2) 针对深孔的特点，深孔钻应具有的特殊要求。 (3) 尺寸精度分析。 (4) 表面粗糙度分析。 (5) 其他技术条件。 2.　**钻削枪管孔** (1)　$\phi 8$ 孔加工系统的工作原理。 (2) 加工 $\phi 8$ 孔的刀具结构特点及参数。 (2) 确定切削用量及选择依据。 3.　**深孔加工中的常见问题及采取的措施**							
检查、 教师 评价							

5.3　拓 展 训 练

1．填空题

(1) 枪孔钻进行深孔加工时，通常选用的切削参数为：$v_c =$＿＿＿ m/min、$f =$＿＿＿ mm/r、乳化液压力为＿＿＿MPa、流量为＿＿＿L/min。

(2) 枪孔钻可加工的直径为＿＿＿mm ，长径比达＿＿＿。

(3) BTA 深孔钻进行深孔加工时，通常选用的切削参数为：$v_c =$ m/min、$f =$＿＿＿mm/r、切削液压力为＿＿＿MPa、流量为＿＿＿L/min。

(4) BTA 深孔钻主要用于加工直径为＿＿＿mm，长径比在＿＿＿以内的深孔。

(5) 喷吸钻主要由＿＿＿、＿＿＿和＿＿＿组成。

(6) DF(Double Feeder)系统深孔钻，又称＿＿＿＿深孔钻。

2．判断题

(1) 深孔是指孔的深度与直径比 $L/D<5$ 的孔。(　　)

(2) $L/D>20$ 的深孔必须用深孔刀具才能加工。(　　)

(3) 枪孔钻属于大直径深孔钻。(　　)

(4) 利用 BTA 深孔钻钻孔时，钻削液从钻杆外圆与工件孔壁间流出，精切削区后汇同切削从钻杆内孔排出，称为外排屑。(　　)

(5) 喷吸钻主要用于钻削小直径($d<18$ mm)的深孔。(　　)

(6) 喷吸钻的加工精度略高于 BTA 深孔钻。(　　)

(7) DF 系统深孔钻特别适合于不易断屑材料的加工。(　　)

3．识图题

(1) 如图 5-6 所示，请将各部分的名称写出来。

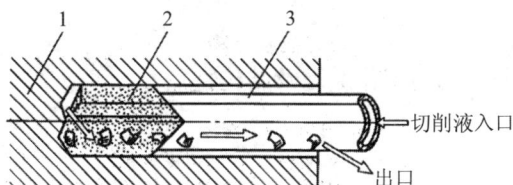

图 5-6　枪钻工作原理

1 ＿＿＿＿＿＿＿　　　2 ＿＿＿＿＿＿＿　　　3 ＿＿＿＿＿＿＿

(2) 如图 5-7 所示，请将各部分的名称写出来。

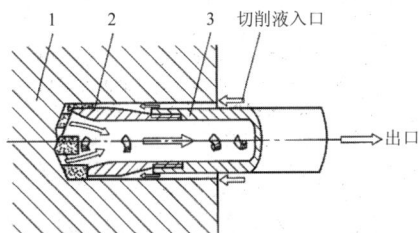

图 5-7　内排屑深孔钻工作原理

1 _____　　　2 _____　　　3 _____

(3) 如图 5-8 所示，请将各部分的名称写出来。

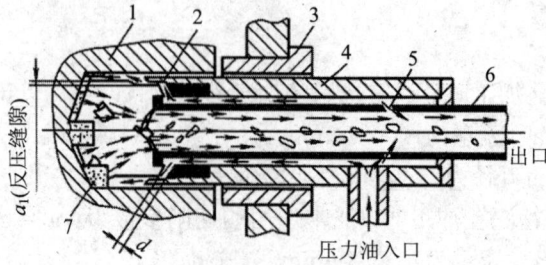

图 5-8　喷吸钻工作原理

1 _____　　2 _____　　3 _____　　　　4 _____
5 _____　　6 _____

(4) 如图 5-9 所示，请将各部分的名称写出来。

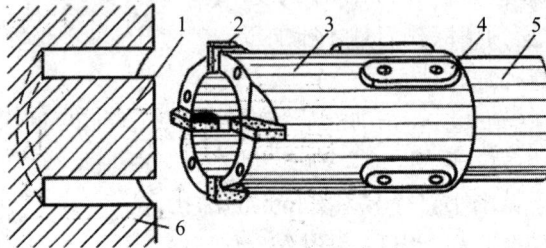

图 5-9　套料钻钻孔

1 _____　　2 _____　　　3 _____　　　4 _____
5 _____

4. 简答题

(1) 单刃排屑深孔钻(枪钻)的工作原理及结构特点？

(2) 内排屑深孔钻的工作原理？

(3) 喷吸钻的工作原理及结构特点？

5.4　项 目 评 价

表 5-6　项 目 评 价

班级		组别		姓名		学号	
问题							
答题记录							
考核记录							
成绩							

参 考 文 献

[1]　陆剑中, 孙家宁. 金属切削原理与刀具 [M]. 北京: 机械工业出版社, 2005.

[2]　袁哲俊, 刘华明. 金属切削刀具设计手册 [M]. 北京: 机械工业出版社, 2009.

[3]　黄雨田. 机械制造技术 [M]. 西安: 西安电子科技大学出版社, 2008.

[4]　黄雨田. 金属切削原理与刀具实训教程 [M]. 西安: 西安电子科技大学出版社, 2006.

[5]　殷雪艳. 精密切削加工技术 [M]. 北京: 北京理工大学出版社, 2013.

[6]　郑修本. 机械制造工艺学 [M]. 3 版. 北京: 机械工业出版社, 2011.

[7]　郭峰. Ⅱ型加宽平刀体普通键槽拉刀结构参数优化设计研究 [D]. 西安: 西安交通大学, 2014.

[8]　黄伟九. 刀具材料速查手册 [M]. 北京: 机械工业出版社, 2010.

[9]　上海市金属切削技术协会. 金属切削手册 [M]. 上海: 上海科学技术出版社, 2000.